Administración de la Empresa Constructora

Acerca del Autor

José Adolfo Herrera, es un Ingeniero Civil con amplia experiencia en la construcción de Proyectos de Ingeniería.

Tiene una especialidad en Administración de la Construcción. Posee igualmente una Maestría en Administración de Negocios (MBA) y un Doctorado en Negocios (Phd) en proceso

Ha sido catedrático en la Universidad Católica Nordestana (UCNE) y en la Universidad Católica Tecnológica del Cibao (UCATECI) en la asignatura: Administración de la Construcción en sus programas de maestría.

Fue Decano de La Facultad de Ingeniería de La Universidad Católica Nordestana (UCNE)

Ha escrito varios libros en la industria de La construcción entre los que destacamos "Evaluación de Proyectos de Construcción" y "Planificación Estratégica: Paso a Paso". Es igualmente articulista fijo en varios periódicos y revistas

Administración
de la
Empresa Constructora

José Adolfo Herrera, MBA, PAC

Tercera Edición

Diciembre de 2013

Administración de la Empresa Constructora
José Adolfo Herrera A.
Tercera Impresión: Lulu.com
USA
Diciembre de 2013

ISBN: 978-1-300-34162-8

ISBN 978-1-300-34162-8
9 781300 341628
90000

CONTENIDO

AGRADECIMIENTOS

A mi adorada esposa Martina, quien en todos los avatares de la vida ha estado a mi lado apoyándome en mis locuras

A mis hijos adorados, Amhed, Angie y José Adolfo por su apoyo en la consecución de este logro

Prefacio

En nuestro medio y me refiero a los profesionales de habla hispana en América, especialmente en República Dominicana es difícil encontrar una bibliografía amplia y completa sobre la administración de una empresa constructora, por lo que debemos valorar en toda su dimensión, el trabajo de un profesional de la ingeniería con tal capacidad de trabajo, quien aparte de ser un gran estudioso, también es un excelente profesor de esta materia a nivel de maestría en dos universidades de la región del Cibao; y que también fue por muchos años instructor internacional de Rotary Internacional a nivel de Latinoamérica, Canadá y Estados Unidos.

El autor Ingeniero José A. Herrera A. obtuvo su título de ingeniero civil hace ya más de 30 años y ha ejercido la profesión durante todo ese tiempo, acumulando gran experiencia en el campo práctico y en el campo empresarial debido a una amplia actividad en la que le correspondió construir obras civiles de diferentes tipos y categorías, pero también es importante resaltar que fue responsable de la supervisión y control de otra gran cantidad de proyectos a través de servicios prestados a diferentes instituciones públicas y privadas en toda la geografía nacional. Todo esto le deja un conocimiento de la realidad de nuestro medio y de las necesidades empresariales de los ingenieros y las empresas constructoras, siendo ésta la razón principal por la cual debemos alimentarnos de la experiencia ajena que ha sido plasmada en este libro.

El propósito general de esta obra es ofrecer una visión panorámica o completa de todo el proceso y de los componentes necesarios para la buena administración de una empresa constructora. En este libro, se plasma la vida de una empresa constructora, cómo atenderla, mantenerla y hacerla crecer a partir de conocer detalladamente todos los factores que intervienen en su diario accionar; es de esta manera que en cada uno de los capítulos que lo componen vamos analizando el cuerpo de la empresa y a la vez conociendo y aprendiendo cómo manejar cada una de las partes fundamentales de este tipo de negocio cuyas características son muy especiales.

En nuestra consideración todo aquel profesional o persona de negocios que posea o bien se inicie como empresario de la construcción, necesita de una guía donde pueda encontrar todas las partes pertinentes a este tipo de actividades es por eso que encontramos de manera detallada tópicos relativos a los conceptos elementales de la administración aplicados a la construcción; además, una explicación clara y precisa sobre la clasificación y formación de una empresa en nuestro régimen legal sin dejar de tocar el tema de la adjudicación de obras mediante concursos.

En este libro no debemos pasar por alto la lectura de lo que es un contrato de obra, además de un enfoque sobre las diferentes fases necesarias para la realización de un proyecto de construcción, tomando en cuenta la supervisión, los estimados de costos y la planeación del proyecto, para luego enfocar el importante tema de las reclamaciones en la construcción y, algo que no podía faltar, es el enfoque sobre la seguridad y la construcción sostenible o construcción verde como le suelen llamar. Además podemos encontrar en los anexos líneas de información sobre el porqué del éxito o fracaso de un proyecto y un modelo del contenido de un contrato de construcción. Toda esta riqueza de información hacen necesario que cada profesional con ideas de empresario posea un ejemplar de este libro en su biblioteca u oficina a manera de consulta y fuente de información sobre los diferentes procesos a realizar de manera permanente.

Ing. Nelson Martínez

PROLOGO

La construcción es una de las principales industrias, tanto por su peso económico como por su incidencia en el medio ambiente. Internacionalmente la construcción es definida como la combinación de materiales y servicios para la producción de bienes que sean tangibles.

La construcción aporta bienes de capital fijo, los cuales son vitales para el crecimiento de la economía. Sin la evolución de la industria de la construcción no es posible concebir el desarrollo económico de un país. La industria de la construcción requiere de una multiplicidad de especialidades, que a su vez proporciona empleo a una gran cantidad de personas de variados extractos sociales, al tiempo que interactúa con una gran cantidad de industrias manufactureras.

En República Dominicana, el sector construcción es un gran impulsor del desarrollo económico, existiendo una relación bien estrecha entre el comportamiento de esta actividad y el resto de la economía; tanto así que es utilizado como indicador de desarrollo económico por las entidades financieras públicas y privadas. La industria de la construcción en el 2011, produjo RD$112,737 millones (US$2,860 millones), equivalentes al 6% del Producto Interno Bruto; generando unos 300,000 empleos directos que ascienden a casi un millón de empleos indirectos. Todo esto convierte a la industria de la construcción en uno de los sectores de mayor importancia en la República Dominicana.

Como docente de la Asignatura de Administración de la Construcción en su nivel de maestría, tratamos de hacer este libro que recoge los tópicos necesarios para la formación de nuestros profesionales del futuro en esta importante rama de la construcción de proyectos.

En el contenido de este libro podremos encontrar las diferentes fases en que se divide la gestión de una empresa constructora, desde sus inicios con la formación misma de la empresa, la consecución de los contratos, el diseño y la planificación del proyecto, así como la supervisión del mismo y los diferentes controles que debemos tomar en cuenta para el buen éxito de nuestras funciones como Gerentes o Administradores de la Empresa Constructora.

No hemos querido obviar tampoco, el tema de seguridad en las obras, así como tampoco los temas de Evaluación de proyectos, tratados de forma sucinta y desde luego el uso de las nuevas tecnologías, la construcción verde y el uso de energías no convencionales en las obras de construcción.

Dentro del contenido del mismo, se recogen nuestras propias experiencias y los consejos y lecciones que han surgido y hemos aprendido de proyectos exitosos, así como también los que no han alcanzado el éxito deseado.

Esperamos este libro, producto de un gran esfuerzo, cumpla con los objetivos que nos hemos trazado y que disfruten la lectura del mismo como nosotros disfrutamos su elaboración.

José Adolfo Herrera

Capítulo 1: Introducción

1.1 Introducción

La industria de la construcción es de las más importantes de un país como el nuestro en vías de desarrollo, ya que genera grandes capitales, mano de obra, y mueve la economía. Esta industria le imprime un gran dinamismo al sector comercial y se le conoce como motora de la economía.

Antiguamente y no tan lejos, se pensaba y se trataba a la industria de la construcción como algo burdo y sucio, pero hoy en día este concepto ha evolucionado de forma tal que se considera como una industria real que debe y tiene que ser administrada o dirigida tomando en cuenta todos los conceptos de la gerencia moderna.

En el pasado la empresa de construcción se ha administrado intuitivamente por objetivos y su calificación ha dependido de sus resultados finales.

La Administración de la empresa constructora viene entonces como consecuencia directa de la necesidad de dirigir eficiente y eficazmente los recursos de la misma, para lograr el objetivo deseado: Generar riquezas.

1.2 Principios de Administración

Definición de Gerencia:

Es el arte de manejar científicamente los recursos de una empresa o parte de la misma, para a través de funciones de planificación, organización, dirección y control, alcanzar eficientemente los objetivos señalados.

Estas funciones de Planificación, Organización, Dirección y Control, deben tratar de coordinarse debidamente integradas para obtener el máximo beneficio de la empresa, junto al máximo beneficio del grupo humano que la integra.

Principios básicos:

Se considera que la creación de una fuente de trabajo trae consigo grandes responsabilidades, ya que estará estrechamente vinculada a la supervivencia de una gran cantidad de seres humanos.

El fracaso de cualquier empresa, puede resultar en el fracaso de sus propios integrantes, de ahí la necesidad de proporcionarle a la misma una estructura organizada que sea estable, que continuamente se supere y que la misma sea perdurable en el tiempo. En términos generales, toda inversión cuyos egresos superen sus ingresos, deben replantearse, ya que irremediablemente se iría a la quiebra. Lo anterior aplica tanto al sector público como al privado.

Antecedentes:

Existen ejemplos de organizaciones perdurables, tales como las religiosas y las militares. En ambas se hicieron indispensables la jerarquía, la disciplina y las obligaciones para su correcto funcionamiento.

Cuando la revolución industrial se hizo presente en el siglo pasado, las organizaciones con pretensiones de mantenerse se vieron obligadas a racionalizar sus recursos para lograrlo. De ahí nace la búsqueda y el alcance de diferentes teorías de la administración moderna.

Trataremos de mencionar algunos de estos autores, así como sus correspondientes teorías y objetivos.

a) **Frederick W. Taylor**: Taylor era norteamericano, ingeniero industrial. Su teoría estaba basada en el objetivo de incrementar la productividad a través de normas, premios y castigos, utilizando una forma de autoridad rígida y severa. Usaba el dinero como satisfactor único.

Teoría: A través de la observación sistemática de las actividades de un proceso en la línea de producción, seleccionar según aptitudes a las personas para ocupar los puestos, recompensado tareas ejecutadas y sancionando las no realizadas.

Puntos de Apoyo:

1.- Observación de los hechos
2.- Separación de los trabajos manuales de los mentales
3.- Selección de las personas adecuadas en los puestos de trabajo
4.- Definición de los rendimientos estándar
5.- Introducción de los conceptos de tiempo y movimiento
6.- Unión indisoluble entre la producción y la planeación
7.- Responsabilidad compartida entre la administración y los obreros
8.- Establecimiento de Recompensas y Sanciones

Aplicabilidad:

La posibilidad de convertirse en el futuro en un accionista de la empresa, dónde presta sus servicios un ejecutivo, es un elemento altamente motivador. Pero en el área obrera, donde las necesidades son urgentes, la motivación es inoperante, lo que obliga al administrador a motivar a corto plazo que remedien las necesidades primarias.

b) **Henry Fayol**: De nacionalidad francesa, Director de una empresa minera. Los objetivos de su teoría era elevar a sistema, la práctica administrativa, con una forma de autoridad conciliatoria. Creía en la motivación a través del trabajo en grupo.

Teoría: Establecer en forma conceptual los principios de la administración de cualquier gestión empresarial y definir también las funciones más importantes de la misma.

Puntos de Apoyo:

I.- Operaciones Esenciales

1.- Técnicas. Producción, fabricación y transformación
2.- Comerciales. Compra, venta
3.- Financieras
4.- Seguridad
5.- Administrativas. Previsión, organización, dirección, coordinación y control

II.- Principios de Administración

1.- División del trabajo (especialización)
2.- Autoridad y Responsabilidad
3.- Disciplina
4.- Unidad de Mando
5.- Unidad de dirección
6.- Subordinación del interés individual al general
7.- Remuneración
8.- Centralización
9.- Línea de autoridad
10.- Orden
11.- Equidad
12.- Estabilidad
13.- Iniciativa
14.- Espíritu de grupo

III.- Funciones del Proceso Administrativo

1.- Función de Planeación

(Razón de existir la empresa, Predicción del futuro, Objetivos y metas, Planes y estrategias de acción, Oportunidades, Recursos necesarios, Normas de operación y Establecimiento de procedimientos)

2.- Función de Organización

(Estructuración de la empresa, Establecimiento de las condiciones para un trabajo efectivo en grupo)

3.- Función de Integración

(Análisis del trabajo, Reclutamiento, selección e inducción, Desarrollo de Recursos Humanos)

4.- Función de Dirección
5.- Función de control

IV.- Perfil del Administrador

1.- Cualidades Físicas
2.- Cualidades Intelectuales
3.- Cualidades Morales
4.- Conocimiento General
5.- Conocimiento Administrativo
6.- Experiencia

V.- Funciones de la Dirección

1.- Plan bien elaborado
2.- Estructura social y material consistente
3.- Establecimiento de una autoridad
4.- Armonizar las actividades y coordinar los esfuerzos
5.- Formular Decisiones
6.- Selección del Personal
7.- Definición clara de tareas
8.- Fomento de la iniciativa y la responsabilidad
9.- Remuneración equitativa
10.- Sanciones
11.- Mantenimiento de la Disciplina
12.- Subordinar interés particular al general
13.- Mantener la unidad de mando
14.- Vigilancia del orden social y material
15.- Mantener el control
16.- Combatir el exceso de reglamentaciones, burocracia y papeleo

VI.- Preceptos que facilitan la dirección

1.- Conocer a fondo el personal
2.- Eliminar los incapaces
3.- Dar el ejemplo
4.- Inspecciones periódicas al personal
5.- No absorberse en detalles
6.- Incentivar a que reine, en el personal, la actividad, la iniciativa y el buen desempeño.

Aplicabilidad:

Los conceptos administrativos de Farol son comunes a todas las empresas y en la Industria de la Construcción los principios generales se desarrollan en forma natural y hoy en día tienen una incuestionable vigencia.

c) **Elton Mayo:** Australiano. Sociólogo de profesión. Los objetivos de su teoría estribaban en el incremento de la productividad, a través del análisis y mejoramiento de las condiciones sociológicas y sociales del individuo. Su forma de autoridad era comprensiva y motivaba a través de la importancia del trabajo personal y grupal de los individuos.

Teoría: Las condiciones físicas del trabajo, son secundarias en comparación a las relaciones sociales dentro y fuera del ámbito del mismo, asimismo la gran influencia que tiene en la productividad, el interés por la persona a dirigir

Puntos de Apoyo:

1.- El estudio de la administración conceptualizado en los trabajos y sus relaciones interpersonales
2.- Incorporación a la administración de la psicología y sociología
3.- Introducción de la dinámica de grupo y la motivación individual
4.- Se define el administrador como alguien que debe reconocer y comprender al trabajador como un ente aislado, con deseos, motivos y objetivos personales

Aplicabilidad:

La teoría de Mayo es realmente aplicable a todos los niveles de la Administración de la empresa constructora.

d) **Abraham H. Maslow:** Era psicólogo industrial, norteamericano. Sus objetivos eran incrementar la productividad a través de la satisfacción personal del individuo. La forma de autoridad era a parte del propio individuo y la motivación la expresaba a través de la autorrealización.

Teoría: El dinero no es el mayor incentivo del hombre, los factores tales como el desafío laboral, las oportunidades de progresar y la autorrealización, son sus mayores motivadores

Puntos de Apoyo:

Maslow basa su teoría en la idea de las necesidades humanas, dando preferencia a la primera, y luego de ser la misma satisfecha, la segunda adquiere la preferencia y así sucesivamente.

La lista de necesidades del Dr. Maslow es la siguiente:

1.- Necesidades Fisiológicas
2.- Necesidades de seguridad
3.- Necesidad de Afiliación Social
4.- Necesidad de Estimación
5.- Necesidad de Autorrealización

Esto se conoce como la Pirámide de Maslow

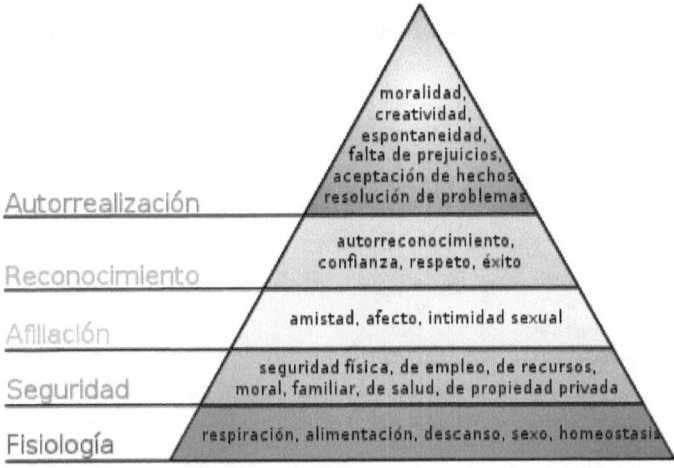

Figura 1.1 Pirámide de Maslow

Las personas que se encuentran en el nivel 5 de la pirámide, presentan características determinadas, tales como: Percepción superior de la de la realidad, mayor aceptación del yo, de los otros y de la naturaleza, mayor espontaneidad, aumento de la capacidad de enfrentar los problemas, mayor deseo de privacía, mayor autonomía y resistencia a la inculturización, enriquecimiento de las reacciones emocionales, mayor identificación con la especie humana, mejoría en las relaciones interpersonales, aumento de la creatividad, cambios en el sistema de valores.

La autorrealización es por ende un proceso continuo y dinámico, es como una esperanza, un impulso, algo deseado, pero no alcanzado.

Aplicabilidad: La teoría de Maslow es aplicable a todos los niveles de la vida.

Existen un gran número de autores que desarrollaron teorías de administración, entre los que vale mencionar: Douglas McGregor, Robert Blake, Janes S. Mouton, Peter F. Drucker, Henry L. Gantt, Frank Gilbreth, James Mooney, Lyndall Urwich, Max Weber, David McClelland, Robert Tanne Baun, Warren Schmidt, W.J. Reddin, George S. Odiorne, C.N. Parkinson

1.3 Escuelas Administrativas Actuales

1.- *Científica o Tradicional.* Sus principales exponentes son Frederick W. Taylor y Frank Gilbreth. Su objetivo principal lo es el incremento de la productividad con una forma de autoridad Rígida y Severa.

Sus puntos de apoyo son: (1) Observación sistemática de la producción; (2) Separación de los trabajos intelectuales de los manuales; (3) Selección del personal de acuerdo con los puestos; (4) Responsabilidad compartida entre la dirección y la mano de obra y (5) Establecimiento de tareas con recompensas y sanciones.

2.- *Del Comportamiento Humanista.* Sus exponentes son Henry Gantt y Elton Mayo. En ella reconocen la importancia del ser humano en cualquier esfuerzo cooperativo, siendo su forma de autoridad comprensiva y conciliadora.

Sus puntos de apoyo son: (1) El administrador motiva a las personas para realizar el trabajo; (2) Estudia las relaciones interpersonales de los obreros; (3) Estudia la dinámica de grupos y las motivaciones individuales; (4) Introduce al área administrativa la psicología y la sociología y (5) Creen que el administrador debe conocer y comprender las necesidades propias de sus obreros para satisfacerlas.

3.- *Sistémica o del Proceso Administrativo.* Su principal exponente fue Henry Farol. Tiene como objetivo principal aislar y analizar los conceptos y principios de la administración con una forma de autoridad justa y equilibrada.

Sus puntos de apoyo: (1) Identificación de principios en que se basa la administración; (2) Definición de la importancia de la planeación; (3) La organización como una integración de los recursos (materiales y humanos); (4) Importancia de la dirección y la coordinación; (5) Importancia de los controles; (6) Define la administración como una actividad común a todos los objetivos grupales.

4.- ***Operativa o Cuantitativa.*** Sus máximos exponentes son Blackett, Canana y Bush. Sus objetivos son cuantificar los procesos administrativos para un análisis más exacto con una forma de autoridad a través del liderazgo.

Sus puntos de apoyo: (1) Uso de equipos multidisciplinarios; (2) Uso intensivo de modelos matemáticos y (3) Uso de la cuantificación en la toma de decisiones.

1.4 Una Perspectiva Histórica

La Construcción a través de la historia ha dejado su huella en la humanidad y ha sido responsable en gran medida del desarrollo mismo de las sociedades.

En un breve relato pasaremos por toda la historia y tan sólo imaginemos la valentía y la tenacidad que tuvieron que tener nuestros precursores para poder lograr algunas edificaciones del pasado.

Los retos que tenemos hoy en día al construir, son tan complejos como los que existieron en el pasado, tomemos entonces un paseo por el carrusel del tiempo.

1.4.1 LA EDAD ANTIGUA

La Revolución Agrícola, se da cuando el hombre da un cambio de una existencia nómada a otra en un lugar más o menos fijo para cultivar productos y criar animales comestibles fue condición previa necesaria para el desarrollo Industrial y posiblemente sea la agricultura la más antigua industria en la historia. La industria de la construcción posiblemente la segunda más vieja. Se piensa que la Industria de la Construcción se remonta a la edad de piedra hacia el año 12,000 A.C.

Usando los materiales que tenían a mano: arcilla, madera y piedra se empezó a construir estructuras simples para la protección de la lluvia, el frio, el calor y la nieve. Durante este mismo periodo, el desarrollo del bronce y del hierro, permitieron que el hombre tuviera acceso a mejores y más fuertes herramientas que expandieron la posibilidad de las construcciones, permitiendo a los constructores a desarrollar sus habilidades.

Los primeros ingenieros fueron arquitectos, especialistas en irrigación e ingenieros militares. Uno de los primeros cometidos de los ingenieros fue construir muros para proteger las ciudades; debido al riesgo de recibir un ataque enemigo, el sentirse protegido es una de las necesidades humanas básicas.

1.4.2 LOS EGIPCIOS

Los egipcios realizaron algunas de las obras más grandiosas de la ingeniería de todos los tiempos, siendo una de las más antiguas el muro de la ciudad de Menfis. El arquitecto real de Menfis fue Kanofer, tuvo un hijo a quien llamó Imhotep, a quien los historiadores consideran como el primer ingeniero cuyo nombre se conoce. Fue su fama más como arquitecto que como ingeniero, aunque en sus realizaciones entran elementos fundamentales de la ingeniería. Hay diversidad de factores que permitieron los logros de Imhotep, cabe destacar entre ellos:

1. La creencia religiosa contemporánea de que para poder disfrutar de la eternidad era necesario conservar intacto el cadáver de un de un individuo;
2. El suministro casi ilimitado de mano de obra de esclavos;
1. La actitud paciente de quienes controlaban los recursos de ese entonces.

De todas las pirámides, la del faraón Keops fue la mayor. La Gran Pirámide, como se le conoce ahora tenía 230.4 m por lado en la base cuadrada y originalmente medía 146.3 m de altura.

Teniendo en cuenta el conocimiento limitado de la geometría y la falta de instrumentos de ese tiempo, fue una proeza notable. Cabe destacar que el único mecanismo que conocían era la palanca, ni la polea ni el tornillo eran de su conocimiento previo. El caballo como bestia de tiro se vino a utilizar 1,300 años después.

Fue durante la construcción de las pirámides que se creó el primer código de construcción, llamado Código de Hammurabi.

1.4.3 LA MESOPOTAMIA

Otra gran cultura que floreció junto al agua se desarrolló entre las riberas de los ríos Tigris y Éufrates. Los griegos llamaron a esta tierra Mesopotamia "la tierra entre los ríos". Aunque los egipcios destacaron en el arte de construir con piedra, gran parte de la ciencia, ingeniería, religión y comercio provienen tanto de Irán como de Egipto.

Como en Egipto, la vigilancia de las riberas de barro en los canales era un menester importante. Los historiadores indican que en Mesopotamia se inició la tradición de que un político inaugure la construcción de un edificio público con una palada de tierra.

Los asirios fueron los primeros en emplear armas de hierro. Los asirios también inventaron la torre de asalto, que se convirtió en una pieza estándar del equipo militar durante los dos mil años siguientes, hasta que la invención del cañón la hizo obsoleta. Alrededor de 2,000 A.C., los asirios lograron un avance significativo en el transporte.

1.4.4 LOS GRIEGOS

La historia griega comienza hacia el año 700 A.C., y al periodo desde aproximadamente 500 hasta 400 A.C., se le llama "Edad de Oro de Grecia".

Figura 1. 2 El Partenón de Atenas

Una cantidad sorprendente de logros significativos en las áreas del arte, filosofía, ciencia, literatura y gobierno fue la razón para que esta pequeña porción del tiempo en la historia humana amerizara nombre propio. Pericles contrató arquitectos para que construyeran templos en la Acrópolis, monte rocoso, de superficie plana que miraba a la ciudad de Atenas..

Las vigas de mármol del cielo raso de esta estructura estaban reforzadas con hierro forjado, lo que constituye el primer uso conocido del metal como componente en el diseño de un edificio.

La "Mecánica" fue el primer texto conocido de ingeniería. La mayor aportación de los griegos a la ingeniería fue el descubrimiento de la propia ciencia.

Aunque a Arquímedes le conoce mejor por lo que ahora se llama el "Principio de Arquímedes", también era un matemático y hábil ingeniero. Realizó muchos descubrimientos importantes en las áreas de la geometría plana y sólida, tal como una estimación más exacta de PÍ y leyes para encontrar los centros de gravedad de figuras planas. También determinó la ley de las palancas y la demostró matemáticamente.

Mientras estuvo en Egipto, inventó lo que se conoce como "el tornillo de Arquímedes", Arquímedes también fue constructor de barcos y astrónomo.

1.4.5 LOS ROMANOS

El Imperio Romano tuvo grandes contribuciones a la ciencia de la construcción de la arquitectura y de la ingeniería. Los romanos aplicaron mucho de lo que les había precedido, y quizá se les puede juzgar como los mejores ingenieros de la antigüedad.

En su mayor parte, la ingeniería romana era civil, especialmente en el diseño y construcción de obras permanentes tales como acueductos, carreteras, puentes y edificios públicos.

Una excepción fue la ingeniería militar, y otra menor, por ejemplo, la galvanización. La profesión de "architectus" era respetada y popular; en efecto, Druso, hijo del emperador Tiberio, era arquitecto.

Una innovación interesante de los arquitectos de esa época fue la reinvención de la calefacción doméstica central indirecta, que se había usado originalmente cerca de 1,200 A.C., en Turquía.

Uno de los grandes triunfos de la construcción pública durante este periodo fue el Coliseo, que fue el mayor lugar de reunión pública hasta la construcción del Yale Bowl en 1914.

Los ingenieros romanos aportaron mejoras significativas en la construcción de carreteras, principalmente por dos razones: una, que se creía que la comunicación era esencial para conservar un imperio en expansión, y la otra, por que se creía que una carretera bien construida duraría mucho tiempo con un mínimo de mantenimiento.

Quizá el triunfo más conocido en la construcción de carreteras en la antigüedad es la Vía Apia, y fue la primera carretera importante recubierta de Europa.

Los Acueductos Romanos: Casi todo lo que se sabe actualmente del sistema romano de distribución de aguas proviene del libro De Aquis Urbis Romae de Sexto Julio Frontino, quien fue Curator Aquarum de Roma, de 97 a 104 A.C.

En el año 40 A.C., se escribió el primer Manual de Diseño y construcción, por el Arquitecto, Ingeniero Marcus Vitruvius Pollio el cual fue considerado como una autoridad del diseño durante siglos.

1.4.6 ORIENTE

Después de la caída del Imperio Romano, el desarrollo de la Construcción se trasladó a India y China. Los antiguos indios eran diestros en el manejo del hierro y poseían el secreto para fabricar el buen acero desde antes de los tiempos de los romanos.

Una de las más grandes realizaciones de todos los tiempos fue la Gran Muralla China. China ha tenido canales desde hace miles de años.

La mayoría de ellos tiene el tamaño adecuado para la irrigación, pero no para la navegación además de que en ese tiempo no se conocían las esclusas. Sí utilizaban compuertas, pero tenían valor limitado. Después de 3,000 años, la longitud del sistema de irrigación chino es de más de 320,000 km.

1.4.7 LA EDAD MEDIA

La Edad Media, a la que a veces se le conoce como el periodo medieval, abarcó desde el año 500 hasta el 1,500.

Durante este periodo no existieron las profesiones de ingeniería o arquitecto, de manera que esas actividades quedaron en manos de los artesanos, tales como los albañiles maestros, formándose incluso asociaciones y hermandades.

En esta época existían dos grandes profesiones: Los Carpinteros y Los Masones, en tres categorías diferentes: Aprendices, Jornaleros y Maestros.

1.4.8 EL RENACIMIENTO

Al finalizar la Edad Media, se despertó un nuevo interés sobre la arquitectura, la construcción y la ciencia.

En esta época que nació una nueva filosofía que separó diseño de la construcción en sí y se destacó e concepto de Maestro Constructor, como la forma más idónea y eficiente de construir.

1.4.9 LA REVOLUCION INDUSTRIAL

La Revolución Industrial tuvo una enorme influencia en todos los aspectos de la sociedad y la Industria de la Construcción no fue ajena a los mismos.

En esta época, se diferenciaron los roles que desempeñaban los diferentes actores que actuaban en una obra de construcción, los Arquitectos, Ingenieros, Constructores, suplidores de materiales.

Igualmente aparecieron los contratistas, sub contratistas, nuevos materiales de construcción, así como, nuevas maquinarias y herramientas que cambiaron para siempre la forma de construir, convirtiéndose en una Industria moderna.

1.4.10 LA ERA DE LOS RASCACIELOS

A final del siglo XIX, con la producción de Acero, el concreto armado, cristales, la electricidad y del maravilloso invento de OTIS, con su elevador, hicieron posible la construcción de Edificios Elevados que fueron llamadas Rascacielos.

La industria de la construcción se transformó para siempre, convirtiéndose en una actividad económica muy importante para la economía de un país y una parte destacada de su PIB

1.4.11 LA ERA TECNOLOGICA

Las nuevas tecnologías y los avances de la ciencia han impactado para siempre la humanidad. La Industria de la Construcción no es una excepción. Existen aplicaciones y programas de computadora prácticamente para todos los aspectos que intervienen en la construcción y en la Administración de la Construcción.

Así podemos encontrar aplicaciones para el diseño arquitectónico, los cálculos estructurales, el presupuesto, la planeación de la obra, control de todo tipo y transferencia de información. Es un nuevo mundo con límites inimaginables.

Las nuevas tecnologías no se limitan al uso de computadores únicamente, ya tenemos una gran cantidad de nuevos materiales, equipos de seguridad, construcción Green y LEED (las cuales trataremos al final de este libro), que de seguro continuarán transformando una industria creciente que cada vez más deberá ser sostenible.

Igualmente el uso de las energías no convencionales con fotovoltaicas y eólicas cada día más se utiliza en los proyectos de ingeniera que pretenden ser sostenibles.

Figura 1.3 Energías Renovables

1.5 Es la Gerencia una Ciencia o un Arte?

Anteriormente habíamos definido la Gerencia como un arte que usa la ciencia y esto es así, ya que las soluciones a problemas que envuelven relaciones humanas, requieren habilidades y cuando éstas son practicadas con soltura y eficacia por un Administrador o Gerente, las consideramos un arte. Se dice que es una ciencia, porque utiliza los métodos científicos en sus diferentes funciones.

1.6 Cuando se va a emprender un Proyecto de Construcción, existen tres aspectos fundamentales a conocer:

1. Metas u Objetivos
2. Recursos Existentes
3. Limitación de los Recursos

1.7 Recursos que intervienen en la Administración de cualquier empresa:

- Dinero
- Mano de Obra
- Equipos
- Materiales
- Tiempo
- Tecnología

Nota:

Es pertinente destacar el "elemento humano", ya que dentro de la industria de la construcción es uno de los recursos más importantes. La gente tiene mayor rendimiento cuando se sabe mandar bien.

Es muy importante ser justos, no necesariamente paternalistas. Decimos que el recurso humano dentro de una empresa es importante, ya que aquí es donde entra "El Arte" de manejar al hombre, que en su esencia es complicado y muchas veces impredecible.

Cuando se le ordena algo a un subordinado debe dársele la orden convencido de que lo está haciendo correctamente y por qué no debe darse la oportunidad de preguntar su opinión si asumir la falsa actitud de orgullo (cualquiera nos enseña algo todos los días). No se debe menospreciar a los demás. Como mencionamos anteriormente, el recurso humano es impredecible, y se debe tener carácter para poder manejarlo y hacerse respetar.

En el manejo de las obras de Ingeniería, existe una regla de oro: "No se debe dejar uno de llevar del temperamento ni del orgullo y nunca, nunca, debe considerarse uno insultado personalmente".

Existen tres aspectos importantes en grado sumo que debe poseer todo aquel que sea encargado de una construcción:

1. Paciencia
2. Capacidad de Sufrimiento
3. Perseverancia

1.8 Funciones de la Gerencia

1. Planificación: Es trazar o formular los planes para escoger el mejor camino para llegar al objetivo deseado
2. Organización: Establece la forma, los medios para la consecución del objetivo
3. Dirección: Guía los recursos de la empresa y la organización para poner en marcha los planes
4. Control: Compara lo que está ocurriendo con lo planificado y determina cuánto se aparta del objetivo para establecer entonces las correcciones de lugar.

El Control en consecuencia:

- Es una base para fundar planes futuros
- Es un medio para cumplir planes
- Es un elemento retro alimentador de la función de planeamiento

1.9 Importancia de la Industria de la Construcción:

La industria de la construcción es una de las más importantes del país. La misma genera una gran cantidad de empleos, que mueven una significativa suma de dinero en el Sector comercial, comúnmente se dice que la Industria de la Construcción tanto a nivel público como privado es "motora" de la economía y su inversión posee un alto factor multiplicador.

La Industria de la Construcción en la República Dominicana representa un 50% de la formación bruta de capital y de un 5 a un 9% del Producto Interno Bruto (PIB).

En la Empresa Constructora el éxito o fracaso depende de la calidad en la administración de todos los recursos, los más difíciles de programar son los humanos. La forma en que se dirija la obra, la forma en que nos comuniquemos en sentido general (con los obreros, subordinados, suplidores, clientes), determinará el buen funcionamiento de la empresa y esto se logra con una buena calidad de administración.

Con una adecuada administración de la Empresa Constructora, se logra un máximo aprovechamiento de los recursos que cada vez son más difíciles de conseguir.

1.10 Objetivos de la Industria de la Construcción:

Mediante la industria de la construcción, buscamos una serie de metas u objetivos, que pueden ser:

- A Corto Plazo
- A Mediano Plazo
- A Largo Plazo

El principal objetivo como Administrador de la empresa Constructora es completar cada proyecto de construcción en el tiempo programado con el presupuesto propuesto y con el nivel de calidad establecido contractualmente.

Ahora bien, el objetivo principal de cualquier empresa comercial, incluida la empresa constructora, es que se deben obtener beneficios tanto desde el punto de vista económico como desde el punto de vista de brindar servicios.

Existen además una serie de objetivos secundarios, entre los que vale mencionar: Reconocimiento de su nombre, reputación, aporte a la sociedad, etc.

1.11 Empresas Constructoras Vs. Empresas Convencionales

La empresa constructora posee una serie de características que la diferencian de las demás empresas comerciales, ya que en la misma se encuentra una serie de variables que no aparecen en cualquier tipo de empresa.

Una empresa convencional se maneja con principios de administración pura, mientras que la empresa constructora necesita siempre de algo más.

Empresa Convencional	Empresa Constructora
Instalaciones: Fijas, renovables sólo cada cierto tiempo	**Instalaciones**: Provisionales en el lugar de la construcción
El Personal: Es fijo, y hasta se organiza en comunidades cercanas al trabajo y llegan incluso a ser hasta permanentes dentro de la empresa	**El Personal**: Es nómada, cambiante o móvil. Personal de poco adiestramiento
La Producción: se realiza bajo techo, es decir que las condiciones meteorológicas no inciden en la misma	**La Producción**: Se efectúa generalmente al aire libre, por lo tanta existe siempre riesgo meteorológico.
El Precio del Producto: se establece posterior a su fabricación	**El Precio del Producto**: Se establece generalmente de antemano, sujeto a imprevistos y pronósticos del mercado
Los Procesos: Se realizan en serie. Existe la sistematización. Se hacen grandes volúmenes por unidad de tiempo. Los procesos se repiten infinidad de veces.	**Los Procesos**: Son difíciles de sistematizar, ya que cada proyecto es único y diferente al anterior (Sólo puede ser sistematizado algunas partidas de la construcción)
Mercado: Se producen para un mercado no fijo o no conocido	**Mercado**: Siempre se produce para un nicho de mercado fijo o conocido
Riesgo: En toda empresa existe cierto riesgo calculado	**Riesgo**: La industria de la construcción es un negocio definitivamente riesgoso

Tabla 1.1 Empresa Convencional Vs. Empresa Constructora

Existe una serie de factores que inciden para que el negocio de la construcción sea riesgoso:

1. Aumento de Costos por la inflación
2. Tiempo de construcción
3. Calidad de los materiales
4. Coordinación y control en tres (3) etapas básicas:
   a. Planeamiento
   b. Diseño
   c. Construcción

1.12 Aéreas Afines a la Administración de la Empresa Constructora:

El gerente o administrador de una Empresa dedicada a la construcción debe tener conocimientos de una serie de ramos o áreas afines a la empresa, tales como:

a) Estimado de Costos (Presupuestos)
b) Contratos de construcción
c) Seguridad, Seguros y Fianzas
d) Leyes Laborales
e) Relaciones Humanas
f) Tecnología apropiada
g) Métodos de Construcción
h) Técnicas de Administración de empresas
i) Control de Calidad
j) Planeamiento y Programación de Proyectos
k) Progreso y Control de Costos
l) Contabilidad y Finanzas
m) Uso del Computador
n) Visión del Mercado

1.13 Riesgos a que está expuesta una construcción:

Existen muchos riesgos que inciden en la Industria de la Construcción y que hacen que la misma sea hasta cierto punto un negocio "peligroso".

Existen riesgos por problemas de tiempo (demoras), climatológicos, laborales, aumentos de precio, imprevistos y adicionales, etc.

Todos estos problemas acarrean o traen como consecuencia sin lugar a dudas una reducción de los beneficios.

Hoy en día por todas las causas anteriores, las empresas constructoras deben de mantenerse dentro de un nivel de competencia, provistos de recursos, dinámica y agresividad.

1.14 Quién asume los riesgos en los Proyectos de Construcción?

El propietario tiene la mayor responsabilidad de calcular el riesgo, organizar el proyecto para manejar los mismos y minimizar de esta forma los costos de construcción.

Para el fácil cumplimiento del contrato y evitar problemas mayores, las condiciones deben ser simples y claras, delineando la asignación de los riesgos entre el propietario y el contratista.

En general en una construcción los riesgos podemos clasificarlos en tres grandes categorías de acuerdo a quien los asume:

- *Los Asumidos por el contratista*
  - Problemas en la presentación de la propuesta
  - Capacidad del contratista
  - Disponibilidad de Recursos (Materiales, Mano de Obra y Equipos)
  - Nuevos tipos de trabajo
  - Mercados desconocidos
  - Medidas de seguridad

- *Los Asumidos por el Propietario*
  - Acceso a la obra
  - Condiciones cambiantes (Adicionales)
  - Diseño defectuosos y demora en los planos
  - Finanzas
  - Riesgos exceptuados (debido a fuerza mayor)
  - Desastres económicos

- *Los que asumen ambos a la vez y los comparten*
  - Instalaciones de infraestructura
  - Aumento de Precios
  - Huelgas
  - Escasez de materiales
  - Interpretación de las condiciones del contrato

1.15 Clasificación de los Riesgos

a) Internos:

1. Mano de obra: Impericia, descuido, negligencia, falla humana, mala fe, robo, fraude, etc.
2. Maquinaría: Daños propios y daños a la obra en proceso
3. Materiales: Materiales defectuosos, inflamables, materiales nuevos

b) Externos:

1. Condiciones Geológicas: Temblores de tierra, derrumbes, asentamientos
2. Condiciones Hidrológicas: Inundaciones, Avenidas, etc.
3. Condiciones Meteorológicas: Lluvias, Tempestades, huracanes, etc.

c) Emítidos:

1. Colindantes: Otras construcciones, Calles muy transitadas, etc.
2. Métodos de Construcción: Piloteo, excavaciones profundas, caídas de objetos, grúas, Asentamientos, etc.

d) Subjetivos

1. Propietario: Financiero
2. Contratista: Habilidad, Experiencia, Organización, Conciencia de Seguridad, etc.

Tal como lo habíamos expresando anteriormente, la empresa constructora es una industria de alto riesgo, que encierra grandes peligros.

En nuestro país anualmente un número indeterminado de empresas constructoras van a la quiebra o se ven obligadas a cerrar por no haber tomado las previsiones requeridas a los riesgos intrínsecos de la construcción.

1.16 Por qué quiebran o cierran las Empresas Constructoras en la República Dominicana?

Tradicionalmente las Empresas dedicadas a la construcción en el país quiebran porque:

1. Falta de experiencia administrativa en lo que concierne a la organización como un todo. Existe una alta deficiencia en la implementación de controles, lo que conlleva a un alto índice de fraude en la construcción. Existe deficiencia en la programación de las obras. Se ha demostrado que en el 50% de las empresas que quiebran existen fraudes.
2. Falta de experiencia en la categoría o tipo de construcción (el 15% de las empresas que quiebran lo hacen por esta razón)
3. Incompetencia: Surge con un desconocimiento de la ingeniería como un todo, lo que implica la quiebra directa de la empresa.
4. Causas Fortuitas: Estas no son controlables por la empresa.

1.17 Ciclo de Vida de un Proyecto de Construcción

1. Idea
2. Estudio de Factibilidad
3. Ingeniería y Diseño
4. Planeamiento y Programación
5. Construcción en sí
6. Inspección de las Instalaciones
7. Uso y Operación (puesta en marcha del Proyecto)

1.18 El Administrador de la Construcción

El administrador de la empresa constructora es una persona que realmente desempeña una serie de funciones dentro de la empresa, cumpliendo un cierto número de servicios:

1. Trabaja junto al propietario en la etapa de diseño y junto a la firma diseñadora, con el objetivo de asesorar todo lo concerniente a la construcción del proyecto y a la organización interna del mismo, haciendo recomendaciones sobre el diseño y la programación en la obra.

2. Proponer y/o plantear alternativas a ser utilizadas en la etapa de planeamiento y analizar las consecuencias económicas de las mismas

3. Participa en las labores de presupuestos, programas de trabajo, especificaciones, etc.

4. Cálculo, notificación y coordinación de los requerimientos de recursos

5. Supervisión, control y cambios de procesos constructivos, avance de obra, etc.

1.19 Áreas de Trabajo en las cuales incide el Constructor de Obras

- Campo académico
- Industria
- Gobierno
- Contratistas
- Consultorías
- Otros (Administración de la construcción, planificación, supervisión, administración de proyectos, etc.)

1.20 Clasificación de las Empresas de Ingeniería

1. *De Acuerdo a sus funciones.*
   a. Consultores
   b. Constructores

2. *De Acuerdo al uso dado a sus recursos.*

   a. Empresa Constructora Pesada: Aquella que agrupa la construcción de grandes obras (presas, puentes, carreteras, acueductos, etc.).

   b. Empresa Constructora Liviana: Se dedica a la construcción de obras físicas que tienen como objetivo brindar servicios de alojamiento.

Empresa Constructora Industrial: Es una clasificación especializada. Este tipo de empresa construye refinerías, metalúrgicas, etc.

1.21 Diferencia entre las Empresas constructoras Pesadas y Livianas

	Porcentajes del Costo total de la obra	Porcentajes del Costo total de la obra
Recursos	**E.C. Pesada**	**E.C. Liviana**
Materiales	5 – 25 %	40 – 70%
Equipos	50 – 90%	5 - 20%
Mano de Obra	10 – 30%	25 – 50%
Herramientas	0.5 – 1%	1 – 1.5%
Instalaciones	0.5 – 1%	0.5 – 1.0%

Tabla 1.2 Constructora Pesada Vs. Constructora Liviana

Figura 1.4 Casa Club Guavaberry, República Dominicana

1.22 Servicios que presta la Empresa Constructora

1. Consultas
2. Investigación y análisis técnicos
3. Planeación de obras
4. Diseño
5. Asesorías
6. Supervisión
7. Administración de la Construcción
8. Contratistas

1.23 Estructura Organizativa:

En toda empresa constructora existen ciertas características de suma importancia desde el punto de visa organizacional.

Existen tres (3) áreas básicas dentro de la estructura organizativa de una empresa constructora.

1. Ingeniería
    a. Proyecto
    b. Planeación
    c. Diseño
    d. Presupuesto
    e. Otros

2. Área Administrativa
    a. Contabilidad
    b. Almacenes
    c. Personal
    d. Ventas
    e. Compras
    f. Transporte
    g. Otros

3. Construcción o Producción
    a. Ejecución de Obras
    b. Informes de Progreso o Avance de Obras

Temas de Investigación:

La Obra de Mano Calificada.
La Problemática de la Inmigración en la Industria de la Construcción.

CAPITULO 2: La Administración de la Construcción

2.1 La Administración de la Construcción

El éxito de todo proyecto de construcción depende de que los encargados de la misma, planifiquen, organicen y lleven a cabo los trabajos que eventualmente transformaran los sueños de alguien y lo harán realidad.

Este proceso de planificación y organización es sumamente importante y complejo y constituye el eje que definirá el éxito o fracaso del proyecto de construcción

Una de las definiciones más completas de la Administración de La Construcción es la siguiente:

> *"La Administración de la Construcción conjuga el planeamiento, proyección, evaluación y control de las actividades de la construcción para alcanzar objetivos específicos al utilizar de forma efectiva los recursos que intervienen en la misma, minimizando costos y maximizando la satisfacción de los propietarios"*

La Administración de la Construcción no es una tarea simple, por el contrario es una actividad compleja y en casos específicos es desarrollada por todo un equipo dependiendo el tipo de construcción de que se trate.

La oferta de la Administración de la construcción al público en general se puede llevar a cabo desde diferentes vertientes:

1) Puede ser que cuando un cliente le contrate para llevar a cabo la construcción de un edificio, por ejemplo, contrate dentro del paquete un administrador de la construcción que pertenezca a su empresa.

2) Otro caso, es que el cliente contrate independientemente el Administrador de la Construcción, fuera del contratista general de la obra y en ese caso se convertirá también en un supervisor de la obra para lograr alcanzar los objetivos del dueño, maximizando la utilización de todos sus recursos.

2.2 El Proyecto de construcción

Los proyectos de construcción son muy diversos y vienen en diferentes formas y tamaños, así como de muchos sabores.

De todas formas, existen una gran cantidad de características comunes a la mayoría de los proyectos de construcción, que nos distinguen de otros sectores de la industria en general.

Cuando fabricamos cualquier cosa (computadora, ropa, muebles), lo hacemos en un lugar cerrado como dijimos en el capítulo anterior, lo hacemos bajo condiciones controladas, utilizando empleados fijos, partes estandarizadas y materiales estables.

Cuando hacemos un proyecto de construcción en cambio, en primer lugar, cada proyecto es único en su clase, bajo condiciones variables del tiempo y condiciones topográficas específicas y diferentes.

Nuestra mano de obra es cambiante con muchas actividades diferentes. Muchas de nuestras actividades aún son realizadas por la mano del hombre.

Sin importar las circunstancias que afecten el proyecto, se espera que el Administrador de la Construcción entregue su obra a tiempo, dentro del presupuesto establecido y sin accidentes de trabajo. Definitivamente que este es un reto extraordinario. Pero este es precisamente el objetivo primario de la administración de la construcción, controlar estos tres factores de valor.

Estos tres factores son las patas del trípode: Tiempo, Costo y Calidad, aunque existe una cuarta tan importante como las anteriores: La Seguridad.

A finales de los años 90's se establecieron los valores de los proyectos de Construcción:

1) Costo
2) Tiempo
3) Calidad
4) Seguridad
5) Alcance del Proyecto
6) Funcionalidad

2.3 Los Riesgos

Aunque hablamos algo de los riesgos en el capítulo anterior, por su importancia debemos seguir recalcando que la Construcción es un negocio riesgoso, para ambos, para el cliente y para el contratista.

Una parte importante del reto de los riesgos, es ponerlo en las manos de quien puede manejar mejor los mismos.

Tipo de Riesgo	La Responsabilidad recae sobre		
	Contratista	Cliente	Diseñador
Condiciones del Sitio		X	
Clima	X		
Financiamiento		X	
Fallas de los sub contratistas	X		
Seguridad	X		
Entrega de los materiales	X		
Calidad	X		X
Retrasos Obra	X	X	
Diseño defectuoso			X
Trabajos Defectuosos	X		
Especificaciones	X		X
Errores	X		
Huelgas	X		

Tabla 2.1 Las responsabilidades de los Riesgos

El trabajo de un administrador de la construcción, como dijimos antes, es finalizar el proyecto a tiempo, dentro del presupuesto establecido, y de acuerdo a las expectativas del cliente sin importar las sorpresas que se nos presenten.

2.4 Qué hace un Gerente de construcción?

Un Administrador de la construcción lleva a cabo una serie de actividades y para lograr las mismas debe cubrir siete funciones diferentes:

1.- Hacer un Estimado de Costos de Proyecto
2.- Administrar el Contrato de trabajo
3.- Gestionar las operaciones de construcción en el lugar del trabajo
4.- Planificar y programar el Proyecto de construcción
5.- Supervisar y controlar el desarrollo de la construcción
6.- Gestionar la Calidad del proyecto
7.- Gestionar la Seguridad en sentido general

Aunque todas estas siete funciones son muy importantes para el administrador de la construcción, éste debe ser entrenado para llevarla a cabos todas, sin menoscabo de dos condiciones sumamente importantes que debe tener todo administrador de la construcción:

- La Toma de Decisiones.
- Dar la solución a los problemas que se presenten a tiempo.

2.5 Qué se necesita para ser un Administrador de la Construcción

A esta hora se deben estar preguntando sí una persona puede tener tantas responsabilidades en su trabo. Existen una serie de requisitos generales que debe tener todo Administrador de la Construcción

Los administradores de la construcción deben ser flexibles y trabajar afectivamente, en un ambiente seguro y desde luego con un equipo integrado. Es definitivamente un líder.

Deben ser capaces de tomar decisiones bajo presión, particularmente cuando se enfrentes a retrasos y ocurrencias no esperados. Deben de tener la habilidad de coordinar actividades importantes de forma rápida y efectiva, mientras analizan y resuelven problemas inesperados.

Debe tener una excelente capacidad de comunicación, tanto oral como escrita, así como capacidades de liderazgo. Deben ser capaces de establecer buenas relaciones interpersonales en el trabajo con diferentes tipos de personas con diferentes niveles educativos, incluyendo los clientes, otros administradores, ingenieros, supervisores, diseñadores, arquitectos y desde luego todo tipo de obreros de la construcción.

Otras cosas que se necesitan para ser un buen administrador de la construcción, es que sean éticos, entusiastas y poseedores de una motivación natural.

Deben ser tenaces y orientados a los resultados y una cosa importante es que se caracterizan por tomar riesgos, aunque calculados.

El Administrador de la construcción necesita igualmente tener conocimientos sólidos de los negocios. La Construcción es un negocio bueno, pero riesgoso.

2.6 Definiciones

Las siguientes definiciones han sido presentadas en orden alfabético y tienen que ver con el desarrollo de una obra de construcción y estos términos serán usados en el desarrollo del presente libro.

2.6.1 Administrador de la Construcción

Es la persona encargada de dar seguimiento a un proyecto de construcción velando por la adecuada ejecución del mismo de acuerdo a los planos y especificaciones técnicas, en el tiempo previsto, maximizando los recursos de la obra en cuestión.

2.6.2 Autor del Proyecto

Es la persona, ya sea persona física o jurídica que a solicitud del Director de Proyectos, y previo a un acuerdo que debe ser por escrito, participa en la elaboración de un proyecto de Arquitectura, Ingeniería o Construcción, en la parte que sea relativa a su especialidad específica, de acuerdo a las reglamentaciones y disposiciones técnicas que correspondan.

2.6.3 Contratista

Es aquella persona (física o jurídica) que contrae obligación con el Propietario de la Obra, mediante acuerdo formal escrito, de la construcción total o parcial de una obra de acuerdo a los planos, especificaciones, presupuesto y programación de un proyecto determinado.

2.6.4 Corresponsable de la Obra

Persona que a solicitud de la parte interesada y con un acuerdo previo por escrito, se responsabiliza de la ejecución de una parte de la obra de construcción, correspondiente a su especialidad específica de acuerdo a los planos y especificaciones técnicas de la misma.

2.6.5 Director de Proyecto

Es la persona física o jurídica que ha solicitud de la parte interesada y con un acuerdo previo por escrito preferiblemente, se responsabiliza de la elaboración de proyectos de ingeniería, arquitectura y construcción de acuerdo a las reglamentaciones técnicas de la obra.

2.6.6 Director Responsable de la obra

Es la persona, ya sea física o jurídica y que previo acuerdo con la parte interesada por escrito, asume el cumplimiento de las obligaciones, requerimientos y compromisos técnicos en la ejecución de una obra, de acuerdo a los planos, especificaciones, presupuesto en el tiempo establecido previamente.

2.6.7 Director o Gerente de Supervisión

Es la persona que asume todas las funciones de dirección, supervisión y coordinación como el representante legítimo autorizado de parte de la firma consultora supervisora, de forma tal que la obra se realice de acuerdo a lo contratado entre el Propietario y el Contratista, así como entre el Propietario y el Supervisor.

2.6.8 Edificación

Acción y efecto de construir un Edificio de carácter permanente, ya sea de público o privado y cuyo uso se encuentre en uno de los siguientes grupos:

1) Administrativo, Sanitario, Religioso, Residencial en todas sus formas, Docente y Cultural.

2) Aeronáutico, Agropecuario, Hidráulico, Minero, Telecomunicaciones, Transporte Terrestre, Transporte Marítimo, Fluvial, Aéreo, Forestal, Industrial, Naval.

3) Todas las demás edificaciones cuyos usos no estén expresamente relacionadas en los grupos anteriores.

2.6.9 Especificaciones:

Constituyen los requisitos técnicos del proyecto de construcción en dónde se definen claramente y por escrito las condiciones que regulan la ejecución de las diferentes partidas de una obra de construcción, en la que se deben destacar los tipos de materiales, selección de los mismos, su forma de colocación y cualquier otra condición expresada en los mismos.

Estas especificaciones deberán ser en todo momento observadas por el Director Responsable de la Obra, por el Contratista de la misma y por La Supervisión.

2.6.10 Inspector:

Es un profesional técnico especializado que es parte de la Supervisión de la obra y que realiza las comprobaciones, vigilancia y verificaciones de las partes de una obra de construcción y de que sus componentes cumplan con los planos y las especificaciones técnicas.

2.6.11 Inspector Oficial:

Profesional Técnico Especializado de parte del Estado que realiza la Inspección de todas las partidas de la construcción en sus diferentes etapas de acuerdo a la legislación de cada país.

Pueden existir diferentes inspectores oficiales pertenecientes a diversas instituciones del Estado.

2.6.12 Obra:

Es la labor de construcción, reparación, remodelación, ampliación u otra similar de un Proyecto determinado, de acuerdo a los Planos Finales aprobados y de acuerdo a sus especificaciones Técnicas.

2.6.13 Planos del Proyecto:

Es un conjunto de Dibujos Técnicos detallados para ejecutar una obra de construcción. Los mismos recogen información pertinente en cuanto a localización, ubicación, elevación, secciones, estructuras, instalaciones eléctricas, instalaciones sanitarias, así como los detalles correspondientes para la correcta interpretación del proyecto.

2.6.14 Presupuesto:

Es un estimado detallado del costo de la obra en el que se toman en cuenta las diferentes partidas que componen la misma, con sus respectivos precios unitarios y habiendo establecido los métodos constructivos de las mismas.

Se incluyen en el presupuesto no sólo los costos directos de la obra, sino también los costos indirectos tales como: Dirección y Responsabilidad, Seguros y Fianzas, Gastos Administrativos, Gastos de Transporte, Otros gastos relacionados a los Impuestos de Valor Agregado y desde luego los cargos por imprevistos.

2.6.15 Propietario:

Es la persona física o moral que habiendo establecido un interés legítimo, acuerda formalmente por escrito con uno o varios profesionales calificados realicen obras de construcción o trabajos de arquitectura e ingeniería.

2.6.16 Proyecto:

Es un conjunto de obras relacionadas que involucran a profesionales de la arquitectura y la ingeniería y que tienen que ver con la construcción total de una obra, desde su inicio con una idea, hasta la entrega de la obra en cuestión de acuerdo a los planos definitivos y sus respectivas especificaciones técnicas.

2.6.17 Reporte de Medición:

Es el reporte que resume las cantidades de obra ejecutadas en un periodo de tiempo determinado, generalmente cada treinta (30) días, luego de haber sido medidas y comprado que se realizaron con la calidad y las especificaciones requeridas para a partir de este reporte, finalizar la cubicación correspondiente y proceder al pago de la misma.

2.6.18 Sub Contratista:

Es la persona, ya sea física o jurídica que posee un contrato parcial de una obra de construcción.

El sub contratista se encuentra bajo la responsabilidad expresa del contratista.

2.6.19 Supervisor:

Es la persona, ya sea física o jurídica, que se encuentra debidamente calificada y que, a solicitud del propietario, es el responsable de que la obra se realice de acuerdo a los Planos Finales con las especificaciones técnicas correspondientes, en el tiempo previsto y con la calidad expresada en los documentos contractuales.

2.6.20 Trabajo:

Es la actividad orientada a la producción de un proyecto específico.

El mismo incluye Diseño, Cálculos Estructurales, Estimado de Costos, Análisis de Precios, Planos aprobados, especificaciones, Estudios de Suelo, supervisión y todo tipo de labores que sirvan para la ejecución de una obra de construcción.

2.6.21 Vicios Ocultos:

Son los defectos que no pudieron ser observados durante el desarrollo de la obra y que aparecen usualmente en los primeros 12 meses luego de entregada la obra.

Los vicios ocultos deberán ser reparados por el contratista o incluso resarcidos

2.7 Deberes del Contratista:

2.7.1 Obligaciones Generales del Contratista

El contratista será responsable de la realización de la obra para la cual ha sido contratado, de acuerdo a los términos de éste, cumpliendo con lo establecido en los planos y las especificaciones.

Se podrá hacer cargo personalmente de la dirección de la obra o tiene la opción de nombrar como representante a una persona que este autorizada por él (Director Responsable de la obra), en cuyo caso debe de informarlo por escrito al Propietario de la Obra.

El contratista será responsable de cumplir, de acuerdo con lo establecido en el contrato, supliendo materiales, maquinarias, equipos, obra de mano en sentido genera, seguros y fianzas, seguridad, correspondientes a la construcción de la obra.

2.7.2 Seguros:

El contratista es responsable de asegurar la obra desde el inicio hasta el final de la misma, cuando haga su entrega y puesta en operación, contra:

> a) Daños y perjuicios contra terceros ocasionados por el contratista.

> b) Muertes o lesiones ocasionados por el desarrollo de la obra, tanto del personal que labora en la misma como terceros.

> c) Daños y perjuicios sufridos por la obra en sí y los materiales durante la construcción de la misma.

2.7.3 Avance Inicial:

El Propietario dará al Contratista un Avance Inicial por un monto establecido en el Contrato para lo cual el Contratista deberá entregar una póliza de garantía de cumplimiento y otra de Garantía de avance. Este pago debe ser sólo utilizado para gastos relativos al desarrollo de la obra tales como, materiales, equipos, obra de mano, etc.

2.7.4 Pérdidas y Daños en la Obra:

El Contratista tiene la obligación de asumir los costos de reparación o pérdidas a los que tenga que incurrir, cuando las mismas sean ocasionadas por su culpa o por el personal que esté bajo su responsabilidad, incluyendo sus subcontratistas.

Ante el Propietario, el Contratista es el único responsable.

2.7.5 Vicios Ocultos:

Es responsabilidad del Contratista, como dijimos anteriormente la reparación de defectos que surjan hasta un año luego de entregada la obra, que hayan sido causados y no haber sido percibidos durante el proceso constructivo.

Al final de la construcción de la obra, el Contratista entregará una Póliza de Vicios Ocultos que garantice la reparación de estos defectos en caso de que surjan.

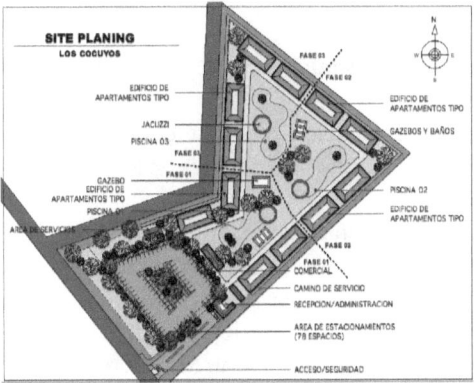

Figura 2.1 Site Plan Los Cocuyos, Rep. Dominicana

2.7.6 Planos "As Built"

En muchos casos, durante la construcción de una obra se introducen reformas o variantes en los planos aprobados, y se deben de entregar los Planos As Built (como construido) para definir los cambios que se han realizado.

2.8 La Recepción de la Obra:

2.8.1 La Pre-recepción:

Al finalizar la construcción de obra, el Contratista debe de notificar por escrito a la Supervisión, la finalización de la misma, con el objetivo de solicitar una pre-recepción en la que deben estar presentes: El Supervisor, el Contratista y el Propietario o estar todos debidamente representados

En caso de que la obra no cumpla con todos lo establecido en el Contrato y sus documentos anexos, este es el momento en que se le entregue un listado detallado al Contratista para que corrija todo lo que haya sido establecido en el mismo.

Este listado debe ser minucioso y que cubra todos los detalles por corregir o dejados de realizar.

Cuando los detalles hayan sido realizados o corregidos se emite entonces la certificación provisional y se solicita la Recepción definitiva de la Obra.

2.8.2 La Cubicación Final:

Se debe hacer una cubicación final que cubra todas las partidas realizadas en ese punto, incluyendo los adicionales, si los hubiere.

Esta cubicación debe estar firmada por ambas partes, la Supervisión y el Contratista. Esta cubicación determina la cantidad que deberá pagarse al Contratista, luego de entregar toda la documentación que haya sido establecida contractualmente (Pre-Recepción, Recepción, Inspección Final de parte del Estado, Seguridad Social, Ministerio de Trabajo, Pólizas, etc.).

Temas de Investigación:

Las Relaciones Públicas.
Comunicación dentro de la Empresa.
Comunicación con los clientes.

Capítulo 3: Clasificación y Formación Empresas

3.1 Introducción

Anteriormente hemos establecido que la construcción es un negocio riesgoso. Igualmente cuando deseamos establecer o crear una empresa de ingeniería o de construcción debemos tener en cuenta una gran cantidad de variables que definirán el éxito o no de la misma.

Esta realidad viene definida por la cantidad de áreas de Trabajo en las cuales incide el Constructor de Obras, tal como establecimos en el primer capítulo de este libro.

Los profesionales de la Ingeniería se pueden ocupar de diferentes maneras:

1) Se pueden ocupar en el área académica y hacer carrera en la misma. Podrían convertirse en catedráticos, seguir preparándose, hacer maestrías, especialidades e incluso doctorados.

2) Podrían involucrarse en el campo de la investigación científica y destacarse en la misma.

3) Se pueden desarrollar en la Industria de diferentes formas, tales como: Producción de bloques, producción de hormigones, producción de asfalto, alquiler de equipos de construcción, construcción e instalación de puertas y ventanas, así como cocinas, en fin dentro de la industria relacionada con la ingeniería existe muchos campos ocupacionales para el profesional de la ingeniería y la arquitectura.

4) Otro de los campos que nos brinda excelentes oportunidades lo es laborar en el Gobierno y existen una gran cantidad de posiciones que los profesionales de la ingeniería y la arquitectura pueden ocupar en un momento determinado.

5) Contratistas Generales de Obras.

6) Sub Contratistas de una parte de la obra, especializándonos en un área específica tales como: instalaciones sanitarias, eléctricas, energía renovable, paisajismo, etc.

7) Consultorías, esta es una de las áreas que más oportunidades nos ofrecen, ya que se puede acceder a la construcción de una gran variedad de obras en su vida profesional.

8) Otros: Tales como, Administradores de la Construcción, Planificadores, Calculistas Estructurales, Diseñadores, Supervisores, Gerentes de Proyectos, etc.)

Figura 3.1 Equipos Variados relacionados a la Construcción

Las empresas de Ingeniería en la actual se han diversificado en muchas áreas y de acuerdo a sus funciones se han clasificado en:

- Empresas Consultoras
- Empresas Constructoras
- Empresas Supervisores
- Empresas que se dedican a Administración de la Construcción
- Empresas que se dediquen específicamente Administrar los Proyectos

De igual forma, existe otro tipo de clasificaciones de acuerdo al Sector dentro de la construcción a que se dediquen las empresas de ingeniería, tales como:

- *Empresas Constructoras Livianas*. Estas son las que se dedican a la construcción de Edificaciones esencialmente, es decir que brindan servicios de alojamiento, por ejemplo: Viviendas unifamiliares, apartamentos, escuelas, tiendas, etc.
- *Empresas Constructoras Pesadas*. Aquí se agrupan las construcciones de grandes obras de ingeniería, tales como: Puentes, Presas, Acueductos, Carreteras, Aeropuertos, Puertos.
- *Empresas Constructoras Sector Industrial*. Este tipo de empresas se especializa en la construcción de metalúrgicas, refinerías, minas, etc.

Como se pueden ver, las Empresa de Ingeniería y Arquitectura se pueden dedicar a una gran cantidad de actividades que van desde servicios de Consultorías, Investigación y Análisis técnicos, Cálculos Estructurales, Planificación y Programación de Obras de construcción, Diseño de las mismas, Asesorías a diferentes niveles, Supervisión de obras, Contratistas y desde luego Administración de la Construcción.

Figura 3.2 Silueta de una Obra de Construcción

3.2 La Estructura Organizativa

Cuando deseamos Organizar una Empresa en la Industria de la Construcción, tenemos que tener en cuenta una gran cantidad de características que son inherentes a nuestro típico negocio.

En realidad, existen tres áreas básicas dentro de la estructura organizativa de toda empresa dedicada a la construcción:

1. **Área de Ingeniería:**
    a. Proyecto
    b. Planeación
    c. Diseño
    d. Presupuesto
    e. Otros
2. **Área Administrativa:**
    a. Contabilidad
    b. Almacenes
    c. Personal
    d. Ventas
    e. Compras
    f. Transporte
    g. Otros
3. **Área de Construcción o Producción:**
    a. Ejecución de Obras
    b. Informes de Progreso o Avance de Obras
    c. Entrega y puesta en Operación

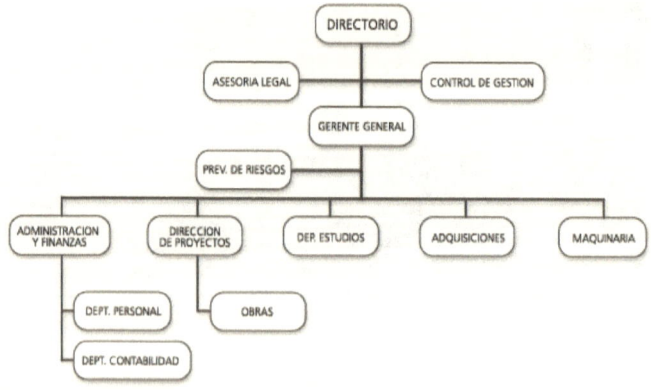

Figura 3.3   Organigrama de una Empresa Constructora

3.3 Planeación de la Empresa:

Planear una empresa, no importa el tipo, requiere una gran cantidad de pasos que deben de cumplirse. Es sumamente importante entonces que tengamos en cuenta las siguientes condiciones antes de involucrarnos en la creación de una empresa:

1. Fijación de Metas Iniciales
2. Definir la Misión, La Visión y los Valores de la Empresa
3. Análisis de la demanda o identificación de necesidades
4. Probabilidad de la Oferta o la competencia existente
5. Definición del Producto o servicio
6. Análisis de especialización y niveles de productividad
7. Evaluación económica de la empresa o el proyecto
8. Diseño Administrativo
9. Vehículo legal de la empresa

Veamos entonces, cada uno de estos pasos en detalle:

3.3.1.- Fijación de Metas Iniciales:

Es necesario que fijemos con claridad las metas y los objetivos de nuestra empresa. Estas metas deben ser realistas, deben estar limitadas a los recursos que posean, igualmente las metas deben cumplir con los requisitos adicionales de que puedan medirse en el tiempo, que sean igualmente alcanzables (en algunos casos nos proponemos metas irreales que no pueden ser llenadas).

3.3.2.- Misión, Visión y Valores:

La Misión:

Es la razón de ser de la empresa, el motivo por el cual existe. Así mismo es la determinación de la/las funciones básicas que la empresa va a desempeñar en un entorno determinado para conseguir tal misión.

En la misión se define: la necesidad a satisfacer, los clientes a alcanzar, productos y servicios a ofertar.

Las características que debe tener una misión son las siguientes:

- Debe ser amplia,
- Debe de ser concreta,
- Muy motivadora
- Sobre todo debe de ser Posible.

La Visión:

Se refiere a lo que la empresa quiere crear, la imagen futura de la organización.

La visión se realiza formulando una imagen ideal del proyecto y poniéndola por escrito, a fin de crear el sueño (compartido por todos los que tomen parte en la iniciativa) de lo que debe ser en el futuro la empresa.

La importancia de la visión radica en que es una fuente de inspiración para el negocio, representa la esencia que guía la iniciativa, de él se extraen fuerzas en los momentos difíciles y ayuda a trabajar por un motivo y en la misma dirección a todos los que se comprometen en el negocio.

Los Valores:

Los valores son aquellos juicios éticos sobre situaciones imaginarias o reales a los cuales nos sentimos más inclinados por su grado de utilidad personal y social.

Los valores de la empresa son los pilares más importantes de cualquier organización. Con ellos en realidad se define a sí misma, porque los valores de una organización son los valores de sus miembros, y especialmente los de sus dirigentes.

Los empresarios deben desarrollar virtudes como la templanza, la prudencia, la justicia y la fortaleza para ser transmisores de un verdadero liderazgo.

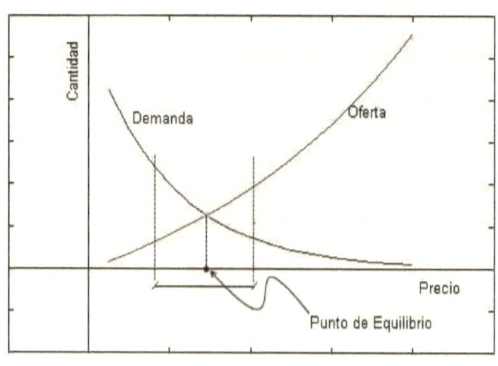

Figura 3.4 Curvas de Oferta y Demanda

3.3.3.- Análisis de la Demanda:

Se entiende por demanda la cantidad de bienes y servicios que el mercado requiere o solicita para buscar la satisfacción de una necesidad específica a un precio determinado.

Para analizar la Demanda, se deben medir cuáles son las fuerzas que afectan los requerimientos del mercado con respecto a un bien o servicio y determinar la posibilidad de participación del producto en la satisfacción de dicha demanda.

La demanda es la función de factores tales como la necesidad del bien, su precio, el nivel de ingreso de la población, etc.

Se deben tomar en cuenta fuentes primarias y secundarias de información, como indicadores económicos, sociales, etc. Para determinar la demanda se emplean herramientas de investigación de mercado (estadística y de campo) Se entiende por demanda el Consumo Nacional Aparente (CNA)

En conclusión es necesario hacer un estudio de mercado para determinar que cantidad de lo que vamos a producir se necesita.

3.3.4.- La probabilidad de la Oferta o la Competencia Existente:

Oferta: Es la cantidad de bienes o servicios que un cierto número de ofertantes (productores) están dispuestos a poner a disposición del mercado a un precio determinado.

El propósito que se persigue mediante el análisis de la oferta es determinar o medir las cantidades y las condiciones en que una economía puede y quiere poner a disposición del mercado un bien o servicio.

La oferta al igual de la demanda es función de una serie de factores como: los precios en el mercado del producto, los apoyos gubernamentales a la producción, etc.

Esencialmente la probabilidad de la oferta entonces, se refiere al análisis de la competencia existente en el mercado. A menudo consideramos que somos los únicos en ofrecer un producto y servicio, lo que usualmente constituye un gran error. Debemos analizar detalladamente la "competencia" existente y de esta forma en dónde determinamos la calidad del producto o servicio que ofreceremos y cómo nos vamos a diferenciar de los demás.

3.3.5.- Definición del Producto o Servicio:

El producto o servicio debe definirse basado en la demanda que requiere el mercado y los recursos disponibles para el mismo.

El producto o servicio que se ofrece es una de las principales razones de ser del negocio, la otra es el cliente. Entregarle un producto o brindarle un servicio de calidad es estar en el camino de alcanzar el éxito.

La calidad, sin embargo, no es lo único importante: en el valor que, para un cliente, tiene un producto o servicio.

El valor de tu producto o servicio, pasa por cuatro compromisos que tienes que asumir:

- compromiso contigo mismo,
- compromiso con tus clientes,
- compromiso con tu producto y
- compromiso con tu mercado.

3.3.6.- Análisis de Especialización y Niveles de Productividad:

Este análisis depende en gran medida de los recursos que tengamos a mano. Es necesario indicar en este paso a cuál área específica de la Industria de la Construcción la Empresa se va a dedicar. En cuál área de la construcción vamos a especializarnos.

Cuando nos especializamos en un área o segmento de la industria de la construcción, marcamos una diferenciación que nos distingue de nuestros competidores y hace que lo que produzcamos sea simplemente mejor, de mejor calidad a un precio justo.

Esta parte conlleva una decisión muy importante, ya que no es lo mismo hacer una vivienda para venderla, por ejemplo, que construir 20 unidades de la misma vivienda.

Definitivamente que al repetir la misma vivienda aumentaremos considerablemente nuestro productividad, aumentaremos nuestra eficiencia y desde luego reduciremos los costos de producción.

Por ello es que volvemos a decir que los niveles de productividad, depende en gran medida de los recursos que tengamos a mano.

3.3.7.- Justificación o Evaluación Económica de la Empresa:

En economías mixtas como la de la República Dominicana, y otros países de América Latina, la supervivencia de la empresa se encuentra íntimamente ligada a la productividad, ya que se sobrevive en la misma medida en que obtengamos una buena productividad dentro de la empresa.

A mayor cantidad de recursos, implica mayor riesgo dentro de la empresa, lo que puede significar mayor o menor rentabilidad.

Las empresas constructoras de Edificaciones poseen una rentabilidad variable. Un gran porcentaje del costo de la obra corresponde al renglón de materiales, descansando el cumplimiento de la empresa en sus suplidores.

En este tipo de empresa, el riesgo se basa en dos partes: Costo y Precio de Venta.

El costo directo de la obra se encuentra influenciado por el riesgo. Igualmente los Gastos Generales o Indirectos, se encuentran influenciados por riesgos diversos.

Las cargas fiscales o tributarias también se encuentran influenciadas por riesgos al momento de elaborar los presupuestos.

Es importante de igual forma la suposición correcta del tiempo de terminación de la obra. Los atrasos implican mayores costos, por lo tanto un mayor precio de venta.

La empresa constructora, es un elemento rápido de reproducción de capital. A través de la misma se obtienen o amplios beneficios o grandes pérdidas.

Por ello es que en este tipo de empresas deben de utilizarse diversas herramientas técnicas, controles administrativos adecuados, que nos permitan conocer en el lugar en que nos encontramos cuando lo necesitemos.

La fijación del Capital de una empresa no es arbitraria, por el contrario debe existir una relación lógica del mismo con las expectativas del valor total facturado o cubicado. Sí el volumen de obras es grande, en consecuencia, el capital de la empresa deberá ser grande.

Debe hacerse un análisis detallado de cómo conseguiremos los recursos a tiempo en cualquier proyecto de construcción, si deseamos obtener los resultados positivos que todos anhelamos al establecer una nueva empresa constructora.

3.3.8.- Diseño Administrativo:

El comportamiento de la demanda en nuestra empresa constructora es muy variable y se debe establecer lo que se conoce como "Estructura Mínima Eficiente" en la cual se puede operar la empresa aumentando o disminuyendo personal según sea requerido por las circunstancias del momento.

Cuando se reduce el personal de la empresa, debe hacerse tomando en cuenta que se mantengan los niveles de productividad de la obra.

Sí la estructura organizativa responde a las condiciones de demanda establecida, entonces se debe proceder a buscar el conducto más adecuado que responda a las necesidades, que es precisamente el siguiente paso.

3.3.9.- Vehículo Legal para la formación de una Empresa.

Es la forma más adecuada para formar la empresa. Este tópico es sumamente importante y debe hacerse asesorar de los servicios de una buena oficina de abogados.

Existen una gran variedad de formas y tipos de empresas que se ajustan a los requerimientos de la Industria de la Construcción y debemos de escoger la que mejor se ajuste a la empresa que deseamos constituir.

3.4 Definición de Negocio:

Es todo lo que es objeto de una actividad y ocupación lucrativa o de interés

De acuerdo con los fines u objetivos que persiguen, las actividades de los negocios se pueden clasificar en tres:

1.- De servicio: Son aquellas que buscan un beneficio en base a poner a disposición de los individuos sus capacidades profesionales (Abogados, Ingenieros, Consultores, médicos, etc.)

2.- Comerciales: Son aquellas empresas que buscan un beneficio a través de la compra y venta de productos, sin ejercer sobre los mismos modificación o transformación alguna, tratando de venderlo a un precio mayor de lo que le cuesta.

3.- De Manufactura: Son aquellos que buscan un beneficio a través de la compra de unos bienes o materia prima y ejercen una transformación sobre los mismos y luego su producto final se procede a venderse.

De acuerdo a su estructura organizativa, los negocios se clasifican en:

1. Negocios de un suelo dueño.
2. Negocios de personas.
3. Negocios de Capital.

1.- Negocios de un Suelo Dueño:

Características:

- Es llamado igualmente negocio de Propietario único (Los mismos operan sobra una base personal).
- Ofrece muy pocas complicaciones legales
- El propietario puede ejercer un control directo sobre todas las operaciones que se realizan en el negocio.
- El propietario es el único responsable de las obligaciones que se realicen dentro del negocio. Como consecuencia de esto, los contratos se realizan a nombre del propietario.

Ventajas:

- El propietario obtiene todo tipo de ganancias sin que tenga obligación de repartir las utilidades con sus empleados.
- Facilidad para establecerlos o iniciarlos.
- Reducido número de controles e informes gubernamentales (Pocos trámites de ley).
- Ofrece una gran facilidad en el manejo.
- Fuerte estímulo a la iniciativa del propietario.

Desventajas.

- El crecimiento del negocio está limitado a la capacidad económica de una sola persona.
- Todas las obligaciones contraídas por el negocio tienen que ser soportadas o avaladas no sólo por los bienes incluidos en el negocio, sino por todas las posesiones que tenga el propietario.
- La responsabilidad es ilimitada.

2.- Negocios de Personas:

Características:

- Está formado por más de una persona.
- Son fáciles de manejar y de crear.
- Los socios ejercen control directo sobre el negocio.

Ventajas:

- Fácil iniciación.
- Ofrecen pocos trámites legales.
- Se pueden aumentar las facilidades de crédito.
- Ofrece fuerte estímulo personal.

Desventajas.

- Puede existir falta de estabilidad por su fácil disolución.
- La autoridad se encuentra dividida entre los socios.
- Generalmente se presenta una dificultad armónica entre los socios.
- Existe una responsabilidad ilimitada de los socios colectivos.

Los Negocios de Personas se Clasifican en:

1. Sociedades Colectivas.
2. Sociedades Comanditarias o en comandita.
3. Sociedades de Responsabilidad limitada .

Sociedades Colectivas:

Es aquel tipo de sociedad constituida por dos o más personas que tienen por objeto hacer el comercio o negocio bajo una razón social. Los nombres de los socios son los únicos que pueden formar parte de esa sociedad. La razón social tiene la coletilla de Sociedad Colectiva.

Todos los socios están obligados de un modo solidario a responder a todas las obligaciones y compromisos de la compañía de una forma ilimitada. Para esto no es necesario que todos los socios firmen, sino que con que uno de ellos lo haga, compromete a todos los demás.

Se compone de los llamados socios gestores que por lo general se dedican a administrar la empresa y están sujetos a las obligaciones y dar apoyo a las que la sociedad genere.

Características:

1. Se constituye ante un notario y su extracto se registra en Industria y Comercio, adquiriendo de inmediato lo que se llama personería jurídica.
2. El número mínimo de socios requeridos es de dos (2).
3. Los aportes pueden ser en efectivo, en especie o naturaleza o en trabajo.
4. Todos los socios son administradores natos de la sociedad.
5. Los socios no pueden ceder sus derechos sin el consentimiento de los demás.
6. La admisión de nuevos socios requiere de la aprobación de los demás.
7. La disolución del negocio puede ser acordada por:
   a. Acuerdo entre los socios
   b. Muerte o quiebra de uno de ellos
   c. Cuando existe una fecha de disolución pre-establecida
8. Se permite la continuación de la sociedad entre los herederos .

Sociedades Comanditarias:

Se forman entre dos o más socios responsables y solidarios y uno o muchos socios simples y prestamistas de fondos que se llaman socios comanditarios o en comanditas.

Estas sociedades se constituyen mediante escritura pública ante NOTARIO y deben registrarse en el Ministerio correspondiente para obtener personería jurídica.

Su razón social puede formarse con el nombre de uno o todos los socios Gestores y siempre que se denomina esta sociedad debe agregársele la coletilla de sociedad en comandita o comanditaria.

Los aportes de los socios gestores pueden ser en efectivo, equipos o trabajo. Para los socios comanditarios, los aportes deben ser en efectivo una cantidad fija. Sí esta cantidad es en acciones esta sociedad se denomina entonces Comandita por Acciones; sí el aporte es de dinero en efectivo, la sociedad se denomina Comandita simple.

En este tipo de sociedades se conserva la misma identidad individual y profesional de cada socio gestor.

Legalmente la estructura es muy semejante a que sí cada socio gestor tuviera su propio negocio y cada uno responde con sus bienes y con lo que han aportado.

La disolución de este tipo de sociedad sucede por:

- Por quiebra
- Por mutuo acuerdo
- Por la muerte de un socio gestor

Es importante indicar que la muerte de un socio comanditario no produce la disolución de este tipo de sociedad.

Cada socio debe hacer independientemente su declaración de ISR (Impuesto Sobre La Renta).

Sociedad de Responsabilidad Limitada

Se forman entre dos o más socios que solamente están obligados al pago de sus aportes o al pago de las cantidades que se comprometieron a contribuir como aporte a la sociedad. Aquí existe cierta similitud con la sociedad colectiva en que todos los socios sean comanditarios.

Se constituyen de igual forma que las sociedades colectivas y comanditarias.

La razón social se forma con el nombre de alguno de los socios o del negocio, agregando la coletilla de "Sociedad Limitada". El número mínimo de socios es de dos (2)

En este tipo de sociedad, los aportes se hacen en cantidades fijas de dinero o en especie (previa evaluación de las mismas).

El organismo máximo de este tipo de sociedad es La Asamblea de Socios. La administración corresponde a los socios en que se delegue dicha función o según se establezca en los estatutos de la sociedad.

La disolución se hace por acuerdo de todos los socios o por el término de su duración sí está definido, ya que se puede hacer una sociedad de responsabilidad Limitada para un proyecto en específico.

Para la industria de la Construcción este tipo de empresas es sumamente adecuada, por lo fácil de iniciar la misma.

Se le debe de agregar siempre la coletilla SRL al nombre de la empresa.

3.- Negocios de Capital

Los negocios de capital se encuentran representados esencialmente por los tipos de empresa que se denominan "Compañía por Acciones" o "Sociedad Anónima".

Estos son los tipos de negocios o sociedades más importantes, y en la industria de la construcción específicamente, son los más recomendables, siempre y cuando se tenga el Capital necesario para este tipo de negocios.

Ventajas.

1.   Ofrecen mucha facilidad para reunir grandes capitales.
2.   Existe responsabilidad limitada de los socios de la empresa.
3.   La duración de la compañía es indefinida.
4.   Fácil negociación de las acciones.
5.   Mayor adaptabilidad para la gestión o administración.

Desventajas.

1.   Gran cantidad de trámites legales e informes gubernamentales.
2.   Poco estímulo a la iniciativa personal de cada accionista.

Las Sociedades anónimas o compañías por acciones, son sociedades con capital propio dividido en acciones con una razón social o denominación objetiva y que actúa bajo el principio de la responsabilidad limitada de sus accionistas frente a terceros con el objeto de dedicarse a la explotación de una empresa mercantil. La única obligación de cada accionista es el pago de sus acciones.

En muchos países no existe diferencia alguna entre una y otra y se utiliza indistintamente según más convenga a la sonoridad del nombre. Este tipo de sociedades se constituyen mediante escritura pública, incluyendo en la misma el nombre o razón social, capital autorizado y suscrito y pagado, cantidad de acciones, valor de las mismas, distribución de las acciones, domicilio social de la sociedad, etc.

Estas sociedades están sujetas a una serie de controles gubernamentales, ya que las mismas podrían ofrecer muchas ventajas para evadir impuestos. La razón social de la misma estará formada por un nombre objetivo, acompañada de las siglas "S.A. ó C por A".

En cuanto al Impuesto sobre la Renta (ISR) se refiere, rige este tipo de sociedades como un ente diferente al de los accionistas. La cantidad mínima para constituir una compañía de este tipo es de siete (7) personas, cuyos aportes se encuentran representados totalmente por las acciones de la empresa y en donde cada socio es responsable limitadamente ante terceros por el valor de las acciones que posea.

Las acciones pueden ser:

- Nominativas o Nominales (a nombre de alguien)
- Al Portador

Las nominativas tienen un recurso y es que cuando se endosan, se convierten en seguida en acciones al portador. En este tipo de negocios, la administración no corresponde necesariamente a un accionista, es decir que puede ser simplemente un empleado.

El administrador debe responder directamente a la Asamblea General de Accionistas. La disolución de este tipo de empresa no tiene fecha fija, su duración es indefinida. Se disuelve según lo establezcan los estatutos.

Los empleados de la empresa pueden adquirir acciones o también se pueden vender al público, siempre y cuando lo apruebe el Consejo. El capital suscrito y pagado debe ser por lo menos un 10% del capital social autorizado y debe tener un fondo de reservas legal de un 5%.

La ley exige que exista un Comisario de Cuentas (puede ser o no accionista), que fiscaliza que las operaciones sean correctas.

En una asamblea de accionistas, cada uno posee un voto igual al número de acciones del mismo.

3.5 Pasos para constituir una Empresa en República Dominicana:

Cuando deseamos constituir una empresa, no importando el país, debemos de asesorarnos con una compañía de abogados de reconocida solvencia para que se ocupe de estos asuntos. Debemos hacer que se nos detalle los gastos en que se incurrirán, así como las opciones que tenemos para establecer nuestro nombre comercial y la razón social.

Es de suma importancia igualmente el establecer el Capital suscrito y pagado de la empresa, así como saber las tasas e impuestos necesarios para constituir la compañía y el tiempo aproximado para tener la misma debidamente legalizada.

3.6 Constituir una Empresa de construcción:

1) Registrar el Nombre Comercial en la Oficina Nacional de Propiedad Industrial (ONAPI). Para cualquier información entrar a la página Web www.onapi.gov.do

Requisitos

- Comunicación solicitando el Nombre Comercial o llenar el formulario en la Oficina Nacional de la Propiedad Industrial ONAPI.

- Copia de cedula del dueño y/o del solicitante.

- Pago correspondiente (confirmar el costo en ONAPI)

- Pagar impuesto por Constitución de Compañía en la Dirección General de Impuestos Internos (DGII). (Dpto. de Sociedades Comerciales), en la página Web www.dgii.gov.do

- Registrar los Documentos Legales en la Cámara de Comercio y Producción de Santo Domingo, cuyo costo depende del Capital Social Autorizado. Para obtener esta información puede entrar al website www.ccpsd.org.do

2) Realizar el Registro Mercantil de la empresa

Requisitos

- Depositar los documentos legales originales y una copia.

- Llenar formulario de solicitud de Registro Mercantil correspondiente.

- Copia de las cédulas y/o pasaportes de los accionistas de la compañía.

- Copia del registro de Nombre Comercial.

- En caso de las Empresas Individuales de Responsabilidad Limitada (EIRL), anexar la certificación de Depósito Aportes Sociedad en Formación, emitida por un banco del sistema financiero.

- Copia del recibo de pago de impuesto por Constitución de Compañía.

3) Solicitar el Registro Nacional del Contribuyente (RNC)

Solicitar el Registro Nacional del Contribuyente (RNC), a la Dirección General de Impuesto Internos (DGII), este servicio es gratis.

Para cualquier información comunicarse al Dpto. de Sociedades Comerciales, ó acceder a la página Web www.dgii.gov.do

Requisitos

- Copia Formulario (RC-02) de Registro Nacional de Contribuyente (RNC).

- Copia de registro del Nombre Comercial.

- Copia del Registro Mercantil.

A partir de este año existe una Ventanilla Única en la Cámara de Comercio y Producción de Santo Domingo para Registrar el nombre y obtener el Registro Mercantil.

Temas de Investigación:

Aspectos Impositivos o de Tributación.
Impuestos, Tasas y contribuciones.
Exenciones Impositivas.

CAPITULO 4: Consecución de Obras

4.1 Formas de Conseguir la Ejecución de obras:

El factor común de las relaciones, ayuda al ingeniero civil y al arquitecto a conseguir las obras, sean estas por contratación directa, por sorteos o por concurso.

Para conseguir la ejecución de obras, se debe tener en cuenta lo siguiente:

1. Cuáles son los clientes potenciales
2. Cuál es la demanda de los mismos
3. Cuál es la ubicación social y económica del sector que está demandando

El principal objetivo de cualquier empresa es mantenerse viva ejecutando obras y proyectos en el caso de la empresa constructora, pero desde luego produciendo riqueza.

Una de las formas más importantes para conseguir clientes es promocionando nuestro negocio y para que podamos hacer un buen trabajo, primeramente, debemos hacernos las siguientes preguntas:

1) Qué servicios ofrecerá mi negocio de construcción?

- Construcción Pesada?
- Construcción horizontal?
- Vertical?
- Otro tipo de construcción?

2) A quién pensamos que prestaremos nuestros servicios?

- Sector Privado
- Sector Público
- Municipios
- ONG

3) Venderás tus servicios en tu municipio o posees la capacidad de trasladarte?

4) Por que tus posibles clientes usarán tus servicios?
- Por tu calidad?
- Por tus precios?

5) Qué mecanismos piensas utilizar para promocionar tus servicios como Empresa Constructora?

Cuando contestemos todas estas preguntas, entonces estaremos en capacidad de poder realizar un plan de marketing que nos permita promocionarnos de forma efectiva y eficiente.

Contamos en nuestro medio con tres Sectores que otorgan obras:

- El Sector Público

- El Sector Privado y

- Las ONG

4.2 El Sector Público

Podemos catalogar las instituciones que otorgan obras en dos grupos, dependiendo del tipo de construcción a la que se dedica la empresa:

a) *Construcción Pesada*
   a. Ministerio de Obras Públicas (MOPC)
   b. Instituto Agrario Dominicano (IAD)
   c. Instituto Nacional Recursos Hidráulicos (INDRHI)
   d. Corporación Dominicana de Empresas Eléctricas Estatales (CDEEE) en todas sus vertientes
   e. Centro Estatal del Azúcar (CEA)
   f. Oficina de Ingenieros Supervisores de Obras del Estado (OISOE)

b)   *Construcción Liviana:*
  a.   Instituto Nacional de la Vivienda (INVI)
  b.   Oficina de Ingenieros Supervisores de Obras del Estado (OISOE)
  c.   Instituto Agrario Dominicano (IAD)
  d.   Ministerio de Educación, Bellas Artes y Cultos (MEBAC)
  e.   Ministerio de Educación Superior y Tecnología (MESYT)
  f.   Entre muchas otras

4.3 El Sector Privado:

- Industrias
- Comercios
- Clientes Particulares
- Instituciones Financieras y Bancarias
- Inmobiliarias
- Otros

4.4 Las ONG:

- Todo tipo de ONG que desempeñe sus labores en el país.

Luego de que decidimos el sector en el que deseamos prestar nuestros servicios, debemos en consecuencia hacer un plan detallado de promoción de nuestro trabajo que podemos hacer de diferentes formas:

- Promoción en los Medios de Comunicación
- Promoción directa a través de cartas profesionales ofreciendo nuestros servicios
- Promoción en Asociaciones Profesionales diversas
- Promoción en vallas con letreros
- Promoción a través de las redes sociales (muy en boga en nuestros días)
- Creación de una página web de nuestra empresa, mostrando nuestro perfil, así como muestras de las obras que hemos realizado
- Creación de un blog con los mismos objetivos

4.5 Cómo se pueden otorgar obras?

a) Relación directa o Contratación directa o negociada.
b) Por Concurso o Licitaciones.
c) Por Sorteos.
d) Promotores.

1.- Por Contratación Directa:

Este tipo de otorgamiento de obras es quizás el más común en nuestro medio. Simplemente se hace una contratación directamente entre el cliente y el constructor. El cliente escoge a su constructor de forma directa y negocia las condiciones, el precio y la fecha de entrega de una obra específica.

En el Sector Privado es la forma, particularmente más idónea para contratar obras de construcción, aunque para el Sector Público, siempre viene acompañado de una gran dosis de amiguismo, corrupción, sobrevaluación de precios y clientelismo político, con el consecuente daño a toda la sociedad y a la institucionalidad misma que debe tener un país.

Se le llama de diferentes formas, así:

a) Sector Público: Se le llama "Grado A Grado"

b) Sector Privado: Se le llama "Contratación Simple (Negociada) Administración"

2.- Por Concurso o Licitaciones:

Es la forma más idónea para otorgar obras públicas. Siempre y cuando se haga con las reglas claras. En este tipo de contratación se prevé una precalificación de las empresas concursantes.

4.6 Las Licitaciones:

Es lógico pensar que las Licitaciones vienen acompañadas de ventajas y desventajas. Veamos algunas de ellas.

Ventajas de Las Licitaciones.

a) La Administración obtiene mejores condiciones. De Precio, de financiamiento, si fuera el caso y desde luego en la calidad de la obra.
b) El costo del proyecto es conocido de antemano.
c) El propietario tiene derecho a seleccionar alternativas.
d) Se otorga el proyecto a la propuesta más ventajosa para el cliente.
e) Fomenta la Competencia.
f) Reduce enormemente la corrupción y el clientelismo.
g) El contratista es el único responsable del proyecto.
h) El proyecto debe ser planeado antes de ser construido.
i) Los materiales y la mano de obra de buena calidad son indicadas claramente en las especificaciones.
j) Se requiere un programa de trabajo y se penalizan los atrasos y los incumplimientos.
k) Se realiza una precalificación previo al concurso o licitación.
l) Provoca reducción de costos.

Desventajas de Las Licitaciones:

a) Pueden crear monopolios, ya que se hace difícil competir con las grandes empresas constructoras.
b) Posibilidad de que grandes empresas constructoras concursantes hagan componendas para licitar y dividirse las obras
c) Sí no existen condiciones o reglas de juego claramente definidas pueden ser objeto de grandes fraudes contra el Estado principalmente.
d) Trámites burocráticos que retrasan el inicio de las obras.
e) Por estos retrasos, podrían ocurrir elevaciones en el costo de las obras.

4.7 Consorcio (Joint Venture):

Es una asociación ente dos o más empresas a corto o largo plazo en dónde cada participante tiene un porcentaje predeterminado de un contrato y cada uno comparte de una forma proporcional la pérdida o la utilidad final.

Una *Joint Venture* no tiene por qué constituir una compañía o entidad legal separada. En castellano, *Joint Venture* significa, literalmente, 'aventura conjunta' o 'aventura en conjunto'. Sin embargo, en el ámbito de lo jurídico no se utiliza ese significado: se utilizan, por ejemplo, términos como «alianza estratégica» y «alianza comercial», o incluso el propio término en inglés. El *Joint Venture* también es conocido como «riesgo compartido», donde dos o más empresas se unen para formar una nueva en la cual se usa un producto tomando en cuenta las mejores tácticas de mercadeo.

El objetivo de una «empresa conjunta» puede ser muy variado, desde la producción de bienes o la prestación de servicios, a la búsqueda de nuevos mercados o el apoyo mutuo en diferentes eslabones de la cadena de un producto. Se desarrollará durante un tiempo limitado, con la finalidad de obtener beneficios económicos para su desarrollo.

Para la consecución del objetivo común, dos o más empresas se ponen de acuerdo en hacer aportaciones de diversa índole a ese negocio común. La aportación puede consistir en materia prima, capital, tecnología, conocimiento del mercado, ventas y canales de distribución, personal, financiamiento o productos, o, lo que es lo mismo: capital, recursos o el simple *know-how* ('saber cómo'). Dicha alianza no implicará la pérdida de la identidad e individualidad como persona jurídica.

Hay muchas ventajas que contribuyen a convencer a las compañías para realizar empresas conjuntas. Estas ventajas incluyen el compartir costos y riesgos de los proyectos que estarían más allá del alcance de una sola empresa. Son muy importantes las empresas conjuntas en aquellos negocios en los que hay necesidad de fuertes inversiones iniciales para comenzar un proyecto que reportará beneficios a largo plazo.

Para las firmas pequeñas, medianas y grandes, la empresa conjunta ofrece una oportunidad de actuar de forma conjunta para superar barreras, incluyendo barreras comerciales en un nuevo mercado o para competir más eficientemente en el actual. Es muy habitual, por tanto, encontrar la creación de empresas conjuntas para acceder a mercados extranjeros que requieren de importantes inversiones y de un *know-how* específico del país en el que se intenta entrar (para lo cual uno de los socios suele ser una empresa nacional que conozca el mercado, y el otro aquel que pretende introducir sus productos).

4.8 La Precalificación:

Consiste en la determinación de la posesión real y efectiva de la reputación, habilidad, experiencia, personal calificado, estructura organizativa, equipos y recursos financieros necesarios para cumplir satisfactoriamente las obligaciones y responsabilidades de la ejecución de proyectos que serán licitados o adjudicados.

Para asegurar el éxito de grandes obras, como requisito previo a la Licitación se debe realizar una precalificación de las empresas que van a concursar.

Factores que pueden ser considerados en una Precalificación:

- Capacidad y Experiencia de la empresa   20%
- Capacidad Financiera o Crediticia de la empresa   20%
- Estructura organizativa   10%
- Capacidad y Experiencia del Personal   35%
- Disponibilidad de Equipos   15%

La puntuación es variable según el tipo de obra. Esta parte de la precalificación se le llama la propuesta técnica.

Cuando la evaluación de la empresa es inferior al 50%, la misma queda descalificada, a partir de las bases del concurso.

La precalificación de los contratistas se recomienda para trabajos importantes o complejos y, en casos excepcionales, para equipo diseñado a la orden y servicios especializados.

También es conveniente usar la precalificación bajo otras circunstancias, por ejemplo, en proyectos de sector con un enfoque programático o cuando se adjudique un gran número de contratos en base a fraccionamiento de adquisiciones.

El procedimiento para determinar la capacidad de un contratista es un proceso separado de la evaluación de la licitación, la cual se concentra en el precio y los méritos de la licitación misma.

El Proceso de precalificación otorga ventajas y desventajas tanto para el contratista como para el propietario de una obra.

El proceso de precalificación permite que los contratistas, quienes pudieran no estar suficientemente calificados por sí mismo, se eviten el gasto de licitar o que formen una empresa colectiva, la cual puede darles una mejor oportunidad de éxito.

Los contratistas y proveedores principales se animan a presentar su licitación al saber que se excluirán a los competidores que no tengan la capacidad necesaria. Asimismo, las compañías bien capacitadas pueden valorizar sus licitaciones en forma más competitiva, en la inteligencia de que estarán compitiendo solamente con otros licitantes calificados, que cumplen con los criterios realistas mínimos de competencia

La precalificación le permite a los Propietarios:

(a) evaluar el interés generado por el proyecto entre compañías calificadas y realizar cualquier ajuste necesario en el proceso de adquisición (incluyendo, en particular, las condiciones del contrato —la distribución de riesgos, condiciones de pago, liquidación de daños y perjuicios o fechas de terminación— que los licitantes potenciales pudiesen considerar como onerosas) si se reciben solamente un número limitado de solicitudes;

(b) reducir el trabajo y tiempo dedicado a la evaluación de licitaciones de contratistas que no tienen la capacidad necesaria;

(c) estimular a compañías locales a formar empresas colectivas con otras Compañías locales o internacionales, así beneficiándose de sus recursos y experiencia; y

(d) reducir de manera significativa, si no eliminar por completo, los problemas asociados con precios bajos presentados por licitantes de capacidad dudosa.

Criterios de Precalificación a Preestablecerse:

1. Se les deberá proporcionar información clara acerca de los requisitos de calificación a todos los solicitantes que deseen ser considerados en la precalificación.

2. Se debe considerar de manera cuidadosa los criterios específicos y el documento de precalificación en conjunto, tan pronto como sea posible durante el proceso de adquisición.

Sin embargo, los documentos de precalificación se deberán emitir solamente cuando la preparación de los diseños de ingeniería y los documentos de licitación estén bastante avanzados y los trabajos estén razonablemente bien definidos.

Notificación de la Precalificación:

1. Después de que se haya tramitado y evaluado las solicitudes de precalificación y haya recibido del Propietario una declaración de "no objeción" respecto a los resultados de la evaluación, se deberá comunicar la decisión a los solicitantes.

2. En todos los casos, la notificación deberá indicar que la precalificación será seguida de una verificación al momento de la presentación de las licitaciones y que, a discreción, rechazará las licitaciones, si la verificación no es satisfactoria o si el licitante no puede confirmar los requisitos especificados.

3. Se les debe informar a los solicitantes que solamente las compañías que han sido precalificadas bajo este proceso completo, podrán licitar.

4. Se deberá tener disponible la lista de los licitantes precalificados antes de emitir la invitación para licitar, a fin de permitir a los subcontratistas y proveedores (particularmente empresas locales), que se comuniquen con los licitantes precalificados.

4.9 Estrategias a seguir en las Licitaciones

La importancia que tiene el preparar la licitación de un concurso es muy grande. Hay que otorgar mucho cuidado en esta preparación. Debemos tener en cuenta siempre que debemos ofertar no para ganarnos una obra, sino para ganarle dinero a la obra.

Debemos hacer nuestra oferta por la cantidad de dinero que realmente cuesta esa oferta. Ahora bien debe serse muy hábil y conocer a fondo el medio y tener suficiente experiencia en el tipo de obras a realizar (Habrán imprevistos?, Se reconocen los escalamientos de costo?, etc.)

Muchos licitadores tienen la estrategia de cargas más los costos directos y rebajar los indirectos; en otros casos hacen lo contrario. Se estila igualmente el cargar las partidas iniciales, para financiarse al principio (Front End Loading).

Otra estrategia importante lo constituye el desbalanceo de los Precios Unitarios, que se hace cuando se conoce que una Partida va a aumentar considerablemente su volumen; se aumenta el Precio unitario de la misma y se balancea el aumento en otras partidas del presupuesto.

En toda licitación existen tres grandes adversarios a tomar en cuenta:

> 1. La Competencia: que se interpone en nuestro camino.
>
> 2. Nosotros mismos: que inventamos dificultades, no seguimos las instrucciones y autogeneramos los mayores estorbos creyendo que sólo nosotros poseemos la verdad.
>
> 3. El Cliente: Que pone las reglas y brinda las oportunidades.

Recordemos que: Se participa para ganar. Debemos tener en cuenta entonces todos los factores que inciden en la obra a licitar.

Es importante adquirir el pliego de las condiciones tan pronto como sea posible e iniciar su estudio de inmediato.

Es necesario el estudio pormenorizado del pliego de condiciones, detectando los puntos dudosos, para formular las consultas correspondientes, esto nos permitirá analizar los puntos de evaluación, pudiendo elaborar finalmente una síntesis ejecutiva.

El pliego de condiciones es un documento normativo del proceso de licitación, cuyo fin primordial es la selección objetiva de un contratista. Sirve para seleccionar el ofrecimiento más favorable a los intereses del cliente.

El Pliego debe contener:

1) Un Módulo de Información

* Información a los proponentes
* Anexos e Informes pertinentes
* Planos detallados

2) Un Módulo de Evaluación

* Criterios y Reglamentos de la Evaluación
* Formulario de Propuestas

3) Un Módulo de Reglamentación

* Condiciones Generales
* Especificaciones Técnicas precisas
* Minuta del Contrato

Existe un documento, llamado Formulario de Resumen de Oferta (FRO)

- El FRO permite que el proponente resuma la manera como se han cumplido los requisitos mínimos.

- Disminuye la frecuencia de los rechazos por descuido.

- Sirve para el acto de apertura de oferta.

- Facilita el rechazo de propuestas no adecuadas.

3.- Obras Por Sorteos:

Como su nombre lo indica, es simplemente un sorteo de obras. Este tipo de adjudicación se realiza usualmente en las asociaciones profesionales, en las que El Estado tiene un grupo de obras, generalmente pequeñas en una región específica y se hace un Sorteo de este grupo de obras entre los profesionales de esa región.

Es una especie de contratación directa, otorgada al azar.

4.- Promotores de Viviendas:

Realmente, no es una adjudicación sino que es una forma de hacer negocios, en que la empresa constructora se involucra en desarrollar un proyecto para su venta posterior.

Conlleva muchas condiciones, tales como Capital propio, Créditos bancarios, créditos de suplidores y una excelente labor de mercadeo para poder vender las unidades construidas.

Figura 4.1 Proyecto de Viviendas

CAPITULO 5: Los Contratos

5.1 Contrato de Construcción:

Es un convenio entre las partes que crea obligaciones o compromisos y que se suscribe de acuerdo a una serie de planos, presupuestos y especificaciones (documentos que acompañan al contrato) por una suma o cantidad dada con el objetivo de ser ejecutado un proyecto en un tiempo dado y con la calidad requerida en los documentos contractuales.

El contrato de construcción de obras, es el documento que firman el Contratista y el Propietario, mediante el cual el Contratista se obliga a ejecutar las obras y al Propietario a pagarlas.

El contrato debe describir qué trabajos hay que realizar y cómo ha de efectuarse el pago de los mismos.

Los trabajos son con frecuencia complejos y suponen muchas operaciones diferentes, exigiendo al Contratista la compra de multitud de materiales y diferentes elementos manufacturados, así como el empleo de una amplia gama de máquinas y la colaboración de personas de diferentes oficios.

Existen muchas maneras de contratar el pago de unas obras de construcción.

Estas difieren básicamente en la forma de abonar la construcción que se realiza.

Cada una de ellas determina en el Constructor una estrategia distinta a la hora de programar el proceso constructivo y sobre todo a la hora de establecer prioridades en la ejecución de las distintas unidades de obra

5.2 En la Industria de la Construcción, un contrato está compuesto por:

- El Contrato propiamente dicho.
- Planos del Proyecto.
- Especificaciones Generales.
- Presupuesto.
- Especificaciones Técnicas.
- Especificaciones Especiales.
- Programación de la Obra.
- Programa de desembolsos.
- Bases Administrativas del concurso o del contrato.

Ya ampliaremos con más detalle cada una de estas partes.

5.3 Aspectos a ser considerados en el Contrato:

Los contratos en el sector de la industria de la construcción están basados en el presupuesto de la obra a realizar, por ende entre los aspectos que debemos tener en cuenta cuando elaboramos un contrato están:

- Costos de materiales o insumos.
- Costo de la Mano de Obra.
- Costo del Uso de equipos.
- Estimado de posibles problemas climatológicos o meteorológicos que se presenten.
- Estimado de Costos adicionales producidos por cambios políticos, huelgas, etc.
- Estimado de tasas de interés o cambios en los mecanismos financieros que rigen el costo del dinero.
- Igualmente, cambios en la obra misma ordenados por el Propietario de la obra o por las condiciones propias del terreno en que se construye la misma.

5.4 Diferentes Formas de Contratación

1.- A Precio Alzado (Suma Global Fija):

Se realiza cuando las partidas que componen la ejecución de la obra son difíciles de medir o cuando se quiere establecer un monto fijo del valor de una obra antes de realizar la misma.

Para establecer un precio fijo en un Contrato de Construcción debe ser requerido:

a) Planos detallados.
b) Especificaciones completas.
c) Que el contratista tenga un amplio conocimiento del medio y del cliente.
d) Que el cliente cuente con los recursos económicos necesarios.

Ventajas para el Propietario:

a) El precio de la obra se conoce de antemano. Es fijo.
b) El contratista pondrá todo su empeño para finalizar la obra en el menor tiempo posible.
c) El contratista tratará de hacer la obra en el precio acordado para no perder.

Desventajas:

a) El método se rige por una burocracia que hace rígido el otorgamiento de la obra. Se busca el menor costo muchas veces sin importar las consecuencias.
b) El proceso de precalificación en nuestro medio es muy deficiente.
c) Existe un peligro de que el contratista para economizar, no haga la obra con la calidad adecuada, debiendo existir entonces una buena supervisión por parte del Propietario.

2.- Contratación por Precio Unitario:

Se emplea cuando el volumen de trabajo no puede ser determinado con mucha exactitud. Es muy común en construcciones pesadas (Carreteras, canales, presas, etc.)

Es la forma más justa y ventajosa de contratación, puesto que el contratista oferta una serie de Precios Unitarios en los cuales considera todos los costos involucrados (directos e indirectos) para todas y cada una de las cantidades estimadas de las diferentes partidas a ejecutar en el proyecto.

Se usa también en la construcción liviana, aunque en menor grado. Existe una limitación, y es que en muchas ocasiones, las variaciones en las cantidades de partidas, implican variación de precios unitarios, es por esto que debe existir una cláusula que tome en cuenta la variación de los precios en relación a la variación de los volúmenes (Economía de escala)

Este tipo de contratación se utiliza muy comúnmente en las licitaciones.

Desventajas:

a) El costo final del proyecto no se conoce hasta que no concluya el mismo
b) El proceso de medición debe ser muy exacto para no perjudicar ninguna de las partes. En este caso se acostumbra a tener una supervisión externa al propietario para garantizar que las mediciones sean reales.

3.- Contratación de Costos + Honorarios:

Este tipo de contratación es propio del sector privado generalmente. El sistema surge cuando la forma de contratación es directa o negociada. El propietario garantiza al Contratista que le reembolsará todos los costos del proyecto (previa presentación de facturas). Es una especie de Administración en que se pagan además de los costos unos honorarios que pueden ser fijos o variables.

Se realiza cuando el Propietario quiere iniciar un Proyecto sin que los planos se encuentren debidamente terminados. El propietario por lo general se encuentra involucrado en el Costo del Proyecto y el Contratista tiene poco riesgo.

Pueden existir diversas modalidades de este tipo de contratación:

a) Costos + Honorarios como un porcentaje de los costos: Esta es la forma más antigua de este tipo de contratación. Es muy ventajosa para el contratista. Existe muy poco incentivo para que el contratista sea eficiente y económico. Mientras más gasta, más cobra.

b) Costos + Honorarios fijos: Se establece una especie de "sueldo" como si el contratista fuera en realidad un empleado del propietario. Este tipo ofrece cierta ventaja al propietario y es que al contratista no le interesa que se inflen los costos y tratará de finalizar la obra lo más rápido posible. Aquí no se le garantiza al contratista ningún tipo de utilidad adicional (es simplemente el pago de un servicio profesional prefijado). Tiene la desventaja para el propietario de que el contratista gaste más para finalizar en el menor tiempo posible.

c) Costos + Honorarios Fijos + Beneficios Adicionales Fijos: En este tipo de contratación se pretende incentivar al Contratista a que logre economía en Costo y Tiempo. Es decir, se hace un estimado de costos y de tiempo; se ve que cantidad de ambos se economiza, para en base a esta economía otorgar beneficios adicionales al contratista.

d) Costos + Honorarios Variables: En este caso los honorarios son un porcentaje variable de una suma base o de los costos. Usualmente son porcentajes escalonados (A menor costo, mayor porcentaje de beneficios o en sentido contrario, a mayor costo, menor porcentaje de beneficios).

5.5 Contrato de Diseño y Construcción:

Es una modalidad, que en los últimos tiempos se está haciendo habitual en los grandes proyectos de construcción.

En este tipo de contrato el Contratista toma a su cargo tanto el diseño del proyecto como la construcción de las obras y en su oferta valora la ejecución de los trabajos descritos en un proyecto, que el mismo equipo o alguien por cuenta del Propietario ha redactado.

En esta forma de contratación, el Contratista realiza la licitación sobre un Pliego de Bases, que define de manera sucinta el objetivo o intención que desea conseguir con la construcción, y deja en libertad al licitador para definir la manera de lograrlo, debiendo el mismo licitador valorar con posterioridad su propio proyecto.

El Propietario realiza la adjudicación a aquella oferta que le resulta más aceptable para satisfacer los objetivos perseguidos con la construcción o simplemente a aquella que le gusta más. Algunos contratistas se inclinan claramente por este tipo de contrato, sobre todo cuando en él se incluye la financiación de toda la operación.

Es decir el constructor no sólo aporta el proyecto completo y su construcción, sino que lo financia.

En la actualidad, en ciertos casos, se incluyen entre los trabajos comprendidos en el contrato incluso el mantenimiento de la construcción o instalación construida durante una cantidad considerable de años.

En algunos países, se contratan en la actualidad tramos de carretera incluyendo en el contrato el paquete completo: Proyecto, Construcción y Mantenimiento durante diez o quince años. El Contratista (habitualmente la Administración en estos últimos casos) pacta con el Propietario el pago dilatado en el tiempo de toda la operación, incluyendo, como es lógico, en el importe los intereses generados por el pago diferido.

Como ventajas de este sistema se pueden señalar:

• Coordinación de especialistas en diseño y en construcción de un determinado tipo de obras, lo que repercute favorablemente en la calidad final de la construcción.

• Proyecto concebido en todo momento para ser construido de una manera racional y económica. En muchas ocasiones el diseño ha sido condicionado por la propia ejecución de los trabajos.

• Posibilidad de conseguir ofertas económicamente ventajosas al amoldar el constructor el Proyecto a sus disponibilidades.

Por el contrario este sistema tiene los siguientes inconvenientes:

• Cada Propietario ofrece soluciones diferentes, adecuadas a su propia conveniencia, que pueden no coincidir con la conveniencia del proyecto o idea del contratista.

• Encarecimiento de la fase de diseño, al concurrir por ejemplo diez proyectos y ofertas distintas y sólo aprovecharse una sola.

• Falta de control por parte del contratista, al no disponer de persona independiente que pueda velar por sus intereses en los posibles cambios de diseño al construir.

• Difícil garantía de que, en caso de dificultades, el costo ofertado no varíe sustancialmente y siempre hacia arriba.

5.6 Contrato a Precio Cerrado:

En este tipo de Contrato denominado con frecuencia llave en mano el Constructor se compromete a entregar una construcción completamente terminada y en estado de funcionamiento contra la entrega de una cantidad fija, repartida en plazos pactados previamente, de acuerdo con el avance de la obra.

La oferta del Contratista se basa en un estudio del proyecto suministrado por el Propietario, pero los riesgos de errores en dicho Proyecto se entienden asumidos por el Contratista que debe por tanto realizar un estudio completo y exhaustivo del proyecto que le entrega el Propietario y añadir en él todo aquello que considera que falte ya que la cifra de su oferta se considera "cerrada" una vez firmado el Contrato.

El constructor se compromete a recibir exclusivamente la cantidad ofertada, incluyendo en ella todas aquellas cosas que en su opinión son necesarias para la correcta terminación y funcionamiento de la instalación aunque no estuvieran incluidas en el Proyecto recibido para el estudio de la oferta.

Las ventajas de este tipo de contrato son:

• Todas las ofertas tienen la misma base, es decir, se oferta lo mismo por cada uno de los licitadores, por tanto son comparables.

• El Propietario se asegura un costo más o menos cierto o al menos con muy pequeño porcentaje de variación, ya que los riesgos de posibles variaciones son asumidos por el constructor e incluidos en el precio ofertado.

• El constructor asume la responsabilidad de la medición; por lo tanto puede valorar algo que el mismo ha medido, lo que le exime de posibles errores ajenos a la hora de evaluar sus propios costos.

• Evita una gran parte del trabajo de medición y valoración del trabajo realizado, pues la cifra final de cada unidad es conocida y por lo tanto se puede CERTIFICAR, o sea pagar cada cubicación realizada, a base de calcular el porcentaje realizado de cada unidad.

• El Propietario obtiene una serie de ofertas, que le comprueban la fiabilidad económica del Proyecto que encargó y al compararlas le dan una idea muy clara de cuál puede ser el precio real de la construcción de su proyecto.

Como inconvenientes se podrían señalar:

• El establecimiento de un precio cerrado obliga al Propietario a no poder variar prácticamente nada una vez realizada la adjudicación, ya que si lo hace el constructor puede aprovechar la coyuntura para mejorar su posición contractual y ya no tiene competencia posible, que permita comprobar lo procedente de su postura.

• Requiere un proyecto bien definido y exacto con pocas posibilidades de error, pues cualquier variación supone dificultades seguras entre Contratista y Constructor.

Este tipo de contratos sólo son recomendables en alguno de los casos siguientes:

● Obras de poca cuantía económica.

● Obras que pueden ser definidas con precisión. Debe evitarse su uso, por ejemplo, en obras subterráneas, o con alto grado de incertidumbre.

● Obras de poca duración o poco riesgo de variación de precios.

5.7 Contrato por administración:

Aunque suele ser el sueño de algunos constructores, no es en absoluto recomendable para los intereses del Propietario. Si profundizamos un poco en la filosofía de todo buen Constructor, tampoco lo es para éste.

Este contrato por Administración se basa en la fijación de unos precios de mano de obra y materiales por parte del Constructor y con arreglo a ellos se facturan al Propietario los trabajos realizados encargados por la propiedad. El compromiso del Constructor se limita a fijar la cantidad a facturar por cada hora de operario o peón, y por cada unidad de material empleado, pero sin asegurar en ningún caso el número de horas ni las cantidades a emplear en cada unidad de obra.

Sobre el total de facturación de mano de obra y materiales consumidos el constructor carga un porcentaje fijo para cubrir sus gastos fijos y beneficio industrial. Por tanto la cantidad total a cobrar por estos conceptos se incrementa a medida que aumenta el volumen total de mano de obra y materiales, independientemente del volumen total de obra realizado.

Este tipo de contrato exige, para ser razonablemente aceptable para el Propietario, una estrecha vigilancia del Constructor por parte del mismo y supone habitualmente un costo superior en la obra ejecutada que el que se conseguiría con otro tipo de contrato.

En este Contrato se elimina todo interés por el rendimiento y la productividad no sólo en el constructor, sino en el propio personal u organización de éste.

Por otra parte el constructor se encuentra totalmente coaccionado en su trabajo, no pudiendo tomar decisión alguna, sin el previo permiso del Director Técnico o de la persona que represente al Propietario, lo cual dificulta gravemente su propia programación de trabajo. Además la tramitación administrativa de los pagos suele resultar complicada debido a la multitud de comprobaciones y papeleo que requiere su autorización.

No es aconsejable por lo tanto este tipo de contrato, más que en casos de emergencia y siempre de manera provisional y parcial hasta conseguir la firma de otro contrato más conveniente.

Como es lógico, y hemos mencionado anteriormente, existen además multitud de tipos de contratos que contemplan diferentes variantes a las mencionadas más arriba. Entre ellos los contratos al costo más un beneficio fijo, los contratos con beneficio en función del costo alcanzado, etc.

El Contrato es básicamente un acuerdo entre las dos partes contratantes en el cual se establecen los compromisos y obligaciones de cada parte, así como el reparto asunción de los riesgos que se puedan presentar.

Todo ello en un plano de igualdad que supone además implícita la buena fe de ambas partes en el momento de la firma del contrato.

Se prevé y a título excepcional la posibilidad de retribución a precio alzado, sin existencia de precios unitarios, mencionado a principios del capítulo

• Se regula con detalle la aplicación de la revisión de precios

• Se regula con precisión la adjudicación de un contrato en supuesto de baja temeraria

• Se regula la constitución y posibilidades de las fianzas o garantías exigidas para los contratos

5.8 DOCUMENTOS DEL CONTRATO:

El contrato de construcción de una determinada obra obliga al Contratista a realizar la obra y al Propietario a pagarla. El contrato debe por tanto describir detalladamente qué es lo que hay que construir, y cómo se va a pagar lo construido. Para esto el contrato debe incluir una serie de documentos:

a).- Diseño completo y detallado del Proyecto:

Es conveniente que forme parte del contrato el Proyecto completo, pues si es un buen Proyecto, incluye en él no sólo la descripción gráfica (planos) y pormenorizada de todos y cada uno de los trabajos a realizar, sino también condiciones, calidades de ejecución, y formas de abono de cada una de las unidades. Además permite al Constructor obtener una idea clara de cuáles son los objetivos finales de lo que va a hacer y por tanto, si es una persona responsable y técnica, le permite conocer a fondo no sólo lo exigible técnicamente sino también lo conveniente en el proceso constructivo.

Desde un punto de vista puramente legal, se suelen especificar los documentos del proyecto que son contractuales, es decir que forman parte legal del contrato e incluso el orden de prioridades en caso de divergencias entre unos documentos y otros.

b).- Pliego de Condiciones Generales:

En las condiciones generales del Contrato se especifican responsabilidades, obligaciones y poderes de cada una de las partes contratantes y sus competencias en los campos de actuación respectivos.

c).- Oferta:

Es el documento de compromiso, firmado por el Contratista y aceptado por escrito por el Propietario, donde se fija el precio ofertado y el plazo ofrecido para la terminación de los trabajos, respetando las condiciones fijadas en el Contrato.

d).- Documentos aclaratorios:

De algún posible punto difícil o importante del contrato, como puede ser el de la fianza, premios o sanciones por retrasos, forma de actuar en caso de aparición de emergencias imprevisibles, reparto de riesgos, etc., etc.

e).- Contrato propiamente dicho:

Es el documento, firmado por ambas partes obligándose en los términos fijados en los documentos antes descritos, que se resumen en el compromiso del Contratista a construir y el del Propietario a pagar lo construido.

5.9 RIESGOS E IMPREVISTOS:

Ninguna actividad humana que se haya previsto de antemano tiene la garantía absoluta de que su realización se verifique exactamente según se proyectó.

Existen una serie de factores de imposible calificación ni cuantificación a priori, que pueden alterar las previsiones iniciales y hacer variar por tanto los resultados obtenidos respecto a los inicialmente previstos.

Es el riesgo de no cumplimiento de las hipótesis de partida, riesgo inherente a toda actividad humana. Disminuir riesgos es caro, y aumentarlos peligroso. Es necesario llegar a un compromiso entre conseguir una cierta seguridad de cumplimiento encareciendo la actividad excesivamente; o afrontar un probable fallo en las previsiones, al abaratar en exceso el costo de dicha actividad.

El proceso constructivo está basado en unas previsiones apriorísticas, cuya falta de cumplimiento puede traer consigo graves perjuicios de todo tipo a los actores de todo el proceso. Especialmente a aquellos actores que arriesgan en el proceso su patrimonio, su prestigio o incluso su seguridad.

Existe la creencia de que el Constructor debe tomar a su cargo la mayoría o incluso todos los riesgos del proceso. Pero esto no debe ser así. Evidentemente la asunción de riesgos por parte del Constructor supone unos costos, que se incluyen en los precios del contrato.

El Propietario paga por tanto estos riesgos de una manera indirecta, pero se supone de manera implícita que los riesgos asumidos por el Constructor son los normales de cualquier actividad industrial.

Los riesgos normales habitualmente incluidos en los precios de una manera automática son: retrasos por inclemencias normales del tiempo, aumentos previsibles de materiales y mano de obra (no recogidos en formulas de revisión de precios), acontecimientos previsibles aunque no de frecuencia habitual etc.

Pero cuando los riesgos se convierten en imprevisibles deben ser afrontados de común acuerdo entre el Contratista y el Propietario. No hay que olvidar que el objetivo del Constructor es obtener un beneficio por su actividad constructora. Si éste objetivo no se cumple desaparece como Constructor. Si se le obliga a afrontar costos imprevistos de gran magnitud, tratará de reducir gastos en otras unidades o elementos de la obra a costa de la calidad de la misma y en perjuicio del propio Propietario

Otro tipo de riesgos, que podríamos llamar riesgos improcedentes, son aquellos derivados de una falta de información adecuada en el Proyecto, por ejemplo sobre las características del terreno donde se asienta la construcción proyectada.

A veces el Proyecto define de manera muy general la unidad a realizar, incluyendo en ella trabajos de muy diferente índole, y por tanto de muy diferente costo, dentro de una misma unidad. Si al final resulta fácil la ejecución del trabajo el constructor puede resultar muy beneficiado, en caso contrario muy perjudicado. Este tipo de riesgo se debe evitar con una información adecuada en el Proyecto, aunque para ello sea necesario encarecer el mismo. Siempre es más barato modificar un papel que derribar parte de una construcción ya realizada.

Otra forma de incluir riesgos improcedentes en un contrato, es dejar a la responsabilidad del Constructor el diseño final de una determinada unidad de obra, con especificaciones poco claras que supongan una valoración técnica general opinable de la misma. Por ejemplo: " la excavación quedará con sus laderas en talud apropiado y estable". Esto, en el fondo, es transmitir al Constructor una responsabilidad ingenieril propia del Proyectista que puede tener graves consecuencias para el Contratista, una vez terminada la obra.

El proyecto debe definir con exactitud la forma definitiva de cada parte de la obra y la responsabilidad del constructor es, o debe ser, únicamente la de construir exactamente aquello que se ha proyectado, no la de proyectar ni modificar el diseño del Proyecto.

Como resumen se puede decir, que no existe contrato válido entre dos partes para realizar algo que no pueda ser definido completamente. En todo contrato válido existen tres partes esenciales: la Intención del Propietario según se expresa en los documentos del contrato, la interpretación de esta intención hecha por el Constructor y reflejada en la oferta y el objeto de su mutuo acuerdo.

Por tanto, si un riesgo se materializa en tal manera que se sale de toda magnitud lógicamente concebible por ambas partes cuando éstas redactaron o leyeron los documentos del contrato, éste riesgo materializado es de tal naturaleza que no está cubierto por el contrato. Es decir, todo riesgo mencionado en un contrato tiene implícitos unos límites y resulta imposible para el Constructor salvaguardar los intereses del Propietario más allá de estos límites.

En general, hay que evitar " pasarse de listo " tanto por parte del Constructor como por parte del Propietario. En todo contrato es imprescindible presuponer la buena voluntad de las partes, que aportan unos medios para una tarea común, que ha de ser llevada a cabo con un espíritu de colaboración lo más sincero posible. Y la aparición de " listillos " en una u otra parte acaba siempre siendo perjudicial para el objeto final del contrato: la obra. No hay que olvidar sin embargo, que en un contrato son distintos los intereses de ambas partes contratantes y a menudo enfrentados. Por lo tanto cada parte tiene la obligación de defender sus intereses hasta el límite que permita la justicia del contrato.

El interés del Propietario es que su obra resulte de la mayor calidad posible, con el menor costo posible.

El objetivo del Constructor es conseguir el máximo beneficio, sin disminuir la calidad prevista y contratada de su producto, que es la construcción que entrega. Y el objetivo del Director Técnico es coordinar estas dos posturas, a menudo enfrentadas, para salvaguardando la calidad de la obra tratar de conseguir del Constructor la máxima calidad posible con los precios previstos en el contrato.

La actuación del Director Técnico como administrador de un Contrato es por tanto una actuación delicada y necesita de unas condiciones humanas que van mucho más allá de sus capacidades técnicas. Como por otra parte esta figura de Administrador de un Contrato presupone que está representando a una de las partes, el Propietario, su labor está condenada a ser parcial desde su origen.

5.10 LAS FIANZAS:

En los contratos de construcción es corriente estipular que el constructor tenga que depositar una fianza. para responder ante el Propietario de posibles reparaciones, defectos o incumplimientos de contrato que pueda padecer la obra realizada.

Igualmente el Contratista acepta se le haga una retención de fondos (usualmente un 5%) para responder por vicios ocultos. Esta cantidad normalmente es devuelta al constructor, una vez transcurrido el período de garantía de la obra (usualmente un año) o con la entrega de una Póliza por Vicios Ocultos. Durante este período el Constructor asume la responsabilidad de reparar y dejar la obra en las mismas condiciones que el día en que se terminó.

Naturalmente este aval o fianza supone un costo adicional para el Constructor, costo que ha de repercutir en sus precios. Realmente se trata de un seguro sobre la posible informalidad del constructor, es decir cubre para el Propietario, el riesgo de que el Constructor no responda de sus obligaciones contractuales.

La experiencia enseña, a veces, que quizás seria preciso establecer una fianza o aval que garantice al Constructor, el riesgo de una falta de seriedad del Propietario a la hora de cumplir asimismo sus obligaciones contractuales.

No es, por desgracia, infrecuente el caso de que sea el Propietario el causante del conflicto e incluso de la interrupción de las obras, bien de manera directa, bien indirecta por falta o demora en los pagos pactados.

De cualquier forma, tanto la Ley de Contratos del Estado, como los contratos que normalmente se redactan, parecen casi siempre inspirados por una de las partes: El Propietario. En el mundo de la Construcción es frecuente el dicho " pena de muerte para el Contratista (Constructor), por el mero hecho de serlo".

En los contratos se suelen contemplar los posibles incumplimientos por parte del Constructor con gran detenimiento, mientras se dedican pocas líneas a las posibles violaciones del contrato por la otra parte.

5.11 Cuáles son los aspectos más importantes que se debe tomar en cuenta en un Contrato de Construcción?

Igual que en el contrato de Diseño del Proyecto, existen variantes en el contrato de Construcción; sin embargo existen puntos comunes que se deben contemplar en todo contrato:

El contrato se denomina: " Contrato de Servicios Profesionales de Dirección de Obra y/o Dirección Arquitectónica.

Antes de describir las principales cláusulas que contiene un contrato de este tipo, definiremos los conceptos anteriores:

Dirección Arquitectónica. Es la supervisión que hace el Arquitecto; que puede ser diferente del profesional que ejecuta la obra; para que ésta se realice de acuerdo a los planos en su parte Arquitectónica, velando porque la ejecución de los trabajos y las indicaciones descritas en otros planos resulten en la solución Arquitectónica propuesta.

106

Dirección de la Obra. Son los servicios de Supervisión, y en su caso de Administración, de la Obra en los que un profesional se compromete a suministrar, administrar y verificar la calidad de los materiales, mano de obra y equipo para que los trabajos se ejecuten de acuerdo al programa de obra y en el tiempo señalado.

Elementos principales especificados en las cláusulas (contrato por Administración)

Antes de la firma:

- Estudiar el proyecto y especificaciones aprobados.

- Elaborar, para aprobación del cliente, el presupuesto detallado de la obra, calendario y flujo de caja, especificando cada una de las etapas de construcción y los conceptos de Honorarios e Indirectos.

Para el momento de la Firma:

- Estudiar, discutir y aprobar, las especificaciones, calendarización y elaboración de presupuestos y contratos de los subcontratistas de acuerdo al presupuesto.

- El Arquitecto se convierte en el coordinador de los subcontratistas y voz del cliente.

- Seleccionar y desechar, en algunos casos, los materiales y trabajos no acordes al proyecto (supervisión de obra).

- Es el responsable del diario o bitácora de obra.

- El contrato especifica las soluciones adecuadas a cualquier controversia que se suscite por algunos aspectos técnicos entre el Cliente y el Arquitecto.

- Manifiesta las instancias legales en las que se apoya, en caso de un desacuerdo.

- Especifica los aspectos fiscales de la Administración de la obra.

- Especifica la Garantía de los trabajos en tiempo y ejecución.

- Determina el tiempo de Construcción y forma de aplicar anticipos y pagos.

- Se incluye en el contrato el monto del presupuesto total de la Construcción.

- En el contrato se asientan, en los conceptos de presupuesto, el costo directo, los gastos indirectos y honorarios.

- Se deben expresar claramente los procedimientos a seguir en la administración en caso de suspensión de la obra o, en su caso, el manejo que se propondrá si el cliente prefiere hacerla en etapas.

5.12 Los Subcontratos:

Es un convenio entre el Contratista General de una obra o un proyecto y un subcontratista, mediante el cual este último acepta realizar una parte del contrato que tiene asignado el contratista general.

En el área de edificaciones es muy común otorgar subcontratos eléctricos y sanitarios, así como en el área de pintura e impermeabilizaciones.

A todas las subcontrataciones de trabajos en obras de construcción que se refieran a: excavación; movimiento de tierras; construcción; montaje y desmontaje de elementos prefabricados; acondicionamientos o instalaciones; remodelaciones; reparación; desmantelamiento; derribo; mantenimiento; conservación y trabajos de pintura y limpieza; saneamiento. O sea, prácticamente a todo puede ser sub contratado.

Es muy importante hacer notar que la responsabilidad de la obra recae sobre el Contratista General de la misma, quien debe tener un control absoluto sobre los subcontratos que realice.

5.13 El Arbitraje:

Se introduce en cualquier tipo de contrato con el objeto de buena intención entre las partes. Se refiere a la colocación de una tercera persona (arbitro) externo, con el objetivo de resolver las posibles diferencias que surjan en el desarrollo del proyecto.

El árbitro se nombra de común acuerdo entre las partes cuando surge una Litis.

Qué es el arbitraje?

El arbitraje es un procedimiento por el cual se somete una controversia, por acuerdo de las partes, a un árbitro o a un tribunal de varios árbitros que dicta una decisión sobre la controversia que es obligatoria para las partes. Al escoger el arbitraje, las partes optan por un procedimiento privado de solución de controversias en lugar de acudir ante los tribunales.

Las características principales del arbitraje son:

El arbitraje es consensual:

Un proceso de arbitraje únicamente puede tener lugar si ambas partes lo han acordado. En el caso de controversias futuras que pudieran derivarse de un contrato, las partes incluyen una cláusula de arbitraje en el contrato. Una controversia existente puede someterse a arbitraje mediante un acuerdo de sometimiento entre las partes. A diferencia de la mediación, una parte no puede retirarse unilateralmente de un proceso de arbitraje.

Las partes seleccionan al árbitro o árbitros:

Compete a las partes seleccionar conjuntamente a un árbitro único. Si optan por un tribunal compuesto por tres árbitros, cada parte selecciona a uno de los árbitros y éstos seleccionarán a su vez a un tercer árbitro que ejercerá las funciones de árbitro presidente. Otra posibilidad es que La Cámara de Comercio proponga árbitros especializados en la materia en cuestión o nombre directamente a miembros del tribunal arbitral.

Usualmente las cámaras de Comercio poseen una amplia base de datos sobre árbitros, que incluye a expertos con vasta experiencia en el ámbito de la solución de controversias y expertos en todos los aspectos técnicos y jurídicos de la propiedad intelectual.

El arbitraje es neutral

Además de seleccionar árbitros de nacionalidad apropiada, las partes pueden especificar elementos tan importantes como el derecho aplicable, el idioma y el lugar en que se celebrará el arbitraje. Esto permite garantizar que ninguna de las partes goce de las ventajas derivadas de presentar el caso ante sus tribunales nacionales.

El arbitraje es un procedimiento confidencial

Las Cámaras de comercio protegen específicamente la confidencialidad de la existencia del arbitraje, las divulgaciones realizadas durante dicho proceso. En determinadas circunstancias, el Reglamento de Arbitraje permite a una parte restringir el acceso a secretos comerciales u otra información confidencial que se presente al tribunal arbitral o a un asesor que se pronuncie sobre su confidencialidad ante el tribunal arbitral.

La decisión del tribunal arbitral es definitiva y fácil de ejecutar

En virtud del Reglamento en La Cámara de Comercio, las partes se comprometen a ejecutar el laudo del tribunal arbitral sin demora.

5.14 Peritaje:

Es un procedimiento que se realiza cuando hay un arbitraje que no se pone de acuerdo. Es alguien fuera de las dos partes que toma la decisión.

Concepto de Perito:

Es la persona versada en una ciencia arte u oficio, cuyos servicios son utilizados por el juez para que lo ilustre en el esclarecimiento de un hecho que requiere de conocimientos especiales científicos o técnicos.

Concepto de Peritaje:

Es el examen y estudio que realiza el perito sobre el problema encomendado para luego entregar su informe o dictamen pericial con sujeción a lo dispuesto por la ley.

La prueba Pericial:

Es la que surge del dictamen de los peritos, que son personas llamadas a informar ante el juez o tribunal, por razón de sus conocimientos especiales y siempre que sea necesario tal dictamen científico, técnico o práctico sobre hechos litigiosos.

Los aspectos más destacados de esta prueba son:

1.- La Procedencia:

Procede cuando para conocer o apreciar algún hecho de influencia en el pleito, sean necesarios o convenientes conocimientos científicos, artísticos o prácticos.

2.- La Proposición:

La parte a quien interesa este medio de pruebas propondrá con claridad y precisión el objeto sobre el cual deba recaer el reconocimiento pericial, y si ha de ser realizado por uno o tres de los peritos. El Juez ya que se trata de asesorarle, resuelve sobre la necesidad, o no, de esta prueba.

3.- El Nombramiento:

Los peritos tienen que ser nombrados por el Juez o Tribunal, con conocimiento de las partes, a fin de que puedan ser recusados o tachados por causas anteriores o posteriores al nombramiento.

Son causas de tacha a los peritos el parentesco próximo, haber informado anteriormente en contra del recusante el vínculo profesional o de intereses con la otra parte, el interés en el juicio, la enemistad o la amistad manifiesta.

4.- El Diligenciamiento:

Las partes y sus defensores pueden concurrir al acto de reconocimiento pericial y dirigir a los peritos las observaciones que estimen oportunas. Deben los peritos, cuando sean tres, practicar conjuntamente la diligencia y luego conferenciar a solas entre sí. Concretan su dictamen según la importancia del caso, en forma de declaración; y en el segundo, por informe, que necesita ratificación jurada ante el Juez. El informe verbal es más frecuente y quedará constancia del mismo en el acta.

5.- El Dictamen Pericial:

Los peritos realizarán el estudio acucioso, riguroso del problema encomendado para producir una explicación consistente.

Esa actividad cognoscitiva será condensada en un documento que refleje las secuencias fundamentales del estudio efectuado, los métodos y medios importantes empleados, una exposición razonada y coherente, las conclusiones, fecha y firma.

A ese documento se le conoce generalmente con el nombre de Dictamen Pericial o Informe Pericial.

Si los peritos no concuerdan deberá nombrarse un tercero para dirimir la discordia, quién puede disentir de sus colegas.

Todo dictamen pericial debe contener:

a) la descripción de la persona, objeto o cosa materia de examen o estudio, así como, el estado y forma en que se encontraba.

b) La relación detallada de todas las operaciones practicadas a la pericia y su resultado.

c) Los medios científicos o técnicos de que se han valido para emitir su dictamen.

d) Las conclusiones a las que llegan los peritos.

6.- La Ampliación del Dictamen:

No es usual que se repita el examen o estudio de lo ya peritado, sin embargo se puede pedir que los Colegios Profesiones, academias, institutos o centros oficiales se pronuncien al respecto e informen por escrito para agregarse al expediente y después oportunamente sea valorado.

7.- La Apreciación y Valoración:

La prueba pericial tiene que ser apreciado y valorado con un criterio de conciencia, según las reglas de la sana crítica. Los Jueces y tribunales no están obligados a sujetarse al dictamen de los peritos. Es por esto que se dice "El juez es perito de peritos"

5.15 LOS PERITOS EN EL PROCESO PENAL:

Los peritos son terceras personas, competentes en una ciencia, arte, industria o cualquier forma de la actividad humana, que dictaminan al juez respecto de alguno de los hechos que se investigan en la causa y se relacionan con su actividad.

El juez verá la coordinación lógica y científica; la suficiencia de sus motivos y sus razones, y de ahí la importancia de la motivación de la misma, pues si falta, podrá rechazarse la pericia u ordenarse su aclaración.

Aunque parezca formalmente perfecta y bien motivada, el juez, por no estar convencido, podrá refutarla, pero no significa que puede imponer su arbitrariedad o su capricho, no podrá rechazarla simplemente.

Tendrá que argumentar a su vez tener en cuenta el resto de la prueba obtenida, expondrá las razones por las cuales no concuerda con la pericia y la corrección o incorrección de sus argumentos serán a su vez, valoradas, como los de pericia, por el superior jurisdiccional.

5.15.1 LOS PERITOS Y LOS TESTIGOS:

El testigo se caracteriza por un concepto de generalidad; el perito por el de especialidad. Helié decía que es delito quien crea los testigos, mientras que los peritos, por el contrario, son elegidos por el juez.

En lo que se refiere al testigo, éste es un medio de prueba y un tercero, o sea, no es un sujeto de la relación procesal, pero a diferencia del perito, no se le puede reemplazar por otro, ya que los hechos determinan según quién los presencie o escuche, qué persona puede declarar.

Además, mientras que el perito declare sobre la base de sus conocimientos, o sea, dictamina, el testigo lo hace sobre sus percepciones, y el primero toma conocimiento del asunto por encargo del juez.

5.15.2 OBJETO DE LA PRUEBA PERICIAL:

El objeto de la pericia es el estudio, examen y aplicación de un hecho, de un objeto, de un comportamiento, de una circunstancia o de un fenómeno. Es objeto de la prueba pericial establecer la causa de los hechos y los efectos del mismo, la forma y circunstancia como se cometió el hecho delictuoso.

5.15.3 GARANTÍAS DE LA PRUEBA PERICIAL:

Son los siguientes:

1.- Número: La ley ordena que se nombren dos peritos, a fin de que sean dos pareceres y puedan aportar mayores conocimientos en el examen a practicar.

2.- Competencia: La Ley pide que se nombren profesionales y especialistas; sólo si no lo hubiere, el Juez designará a persona a personas de reconocida "honorabilidad y competencia en la materia".

3.- La Imparcialidad: Se asegura mediante el juramento prestado en el momento de entregar la pericia.

4.- Garantías de la Instrucción: Como en toda diligencia judicial, la designación de peritos debe ser comunicada a quienes intervienen en el proceso.

5.- Nombramiento: Como norma general, el nombramiento de peritos corresponde al juez de la causa y lo hará mediante auto

Temas de Investigación:

Leyes y Reglamentos relacionadas a la Industria de la Construcción.

CAPITULO 6: Las Fases de un Proyecto

6.1 Introducción

Los objetivos críticos que se encuentran durante la fase de pre construcción de un proyecto de edificación son:

- Comprensión de las expectativas del propietario
- Interpretación de la propuesta de diseño

La transición de las estimaciones preliminares hacia la adquisición y coordinación de los recursos reales del proyecto comienza una vez que el proyecto es aceptado

El **diseño** se define como el proceso previo de configuración mental, "pre-figuración", en la búsqueda de una solución en cualquier campo. Utilizado habitualmente en el contexto de la industria, ingeniería, arquitectura, comunicación y otras disciplinas creativas.

Etimológicamente deriva del término italiano *disegno* dibujo, designio, signare, signado "lo por venir", el porvenir visión representada gráficamente del futuro, *lo hecho* es la obra, *lo por hacer* es el proyecto, *el acto de diseñar como prefiguración* es el proceso previo en la búsqueda de una solución o conjunto de las mismas.

Plasmar el pensamiento de la solución o las alternativas mediante esbozos, dibujos, bocetos o esquemas trazados en cualquiera de los soportes, durante o posteriores a un proceso de observación de alternativas o investigación. El acto intuitivo de diseñar podría llamarse creatividad como acto de creación o innovación si el objeto no existe o se modifica algo existente inspiración abstracción, síntesis, ordenación y transformación. Referente al signo, *significación*, designar es diseñar el hecho de la solución encontrada. Es el resultado de la economía de recursos materiales, la forma, transformación y el significado implícito en la obra, su ambigua apreciación no puede determinarse si un diseño es un proceso estético correspondiente al arte cuando lo accesorio o superfluo se antepone a la función o solución del problema.

El acto humano de diseñar no es un hecho artístico en sí mismo, aunque puede valerse de los mismos procesos en pensamiento y los mismos medios de expresión como resultado; al diseñar un objeto o signo de comunicación visual en función de la búsqueda de una aplicación práctica, el diseñador ordena y dispone los elementos estructurales y formales, así como dota al producto o idea de significantes si el objeto o mensaje se relaciona con la cultura en su contexto social.

El verbo "diseñar" se refiere al proceso de creación y desarrollo para producir un nuevo objeto o medio de comunicación (objeto, proceso, servicio, conocimiento o entorno) para uso humano.

El sustantivo "diseño" se refiere al plan final o proposición determinada fruto del proceso de diseñar: dibujo, proyecto, plano o descripción técnica, maqueta al resultado de poner ese plan final en práctica (la imagen, el objeto a fabricar o construir).

Durante décadas los vínculos entre el diseño y los movimientos de vanguardia se convirtieron en el centro del debate entre investigadores y expertos y alejaron la mirada de otros aspectos más relevantes. El diseño guarda relación con la actividad artística en la medida que emplea un lenguaje similar, que utiliza una sintaxis prestada de las artes plásticas, pero es un fenómeno de naturaleza más compleja y enteramente vinculado a la actividad productiva y al comercio.

Como subrayaba Renato de Fusco, *"a diferencia del arte y la arquitectura donde el protagonista son los artefactos, el proceso histórico del diseño no se basa sólo en los proyectistas, porque al menos un peso similar tienen los productores, los vendedores y el mismo público"*.

Se suele confundir con frecuencia a los diseñadores y a los artistas, aunque únicamente tienen en común la creatividad.

El diseñador proyecta el diseño en función de un encargo, y ha de pensar tanto en el cliente como en el usuario final, justificando sus propuestas. A diferencia del artista que es más espontáneo y sus acciones pueden no estar justificados.

Diseñar requiere principalmente consideraciones funcionales, estéticas y simbólicas.

El proceso necesita numerosas fases como: observación, investigación, análisis, testado, ajustes, modelados (físicos o virtuales mediante programas de diseño informáticos en dos o tres dimensiones), adaptaciones previas a la producción definitiva del objeto industrial, construcción de obras ingeniería en espacios exteriores o interiores arquitectura, diseño de interiores, o elementos visuales de comunicación a difundir, transmitir e imprimir sean: diseño gráfico o comunicación visual, diseño de información, tipografía.

Además abarca varias disciplinas y oficios conexos, dependiendo del objeto a diseñar y de la participación en el proceso de una o varias personas.

Diseñar es una tarea compleja, dinámica e intrincada. Es la integración de requisitos técnicos, sociales y económicos, necesidades biológicas, ergonomía con efectos psicológicos y materiales, forma, color, volumen y espacio, todo ello pensado e interrelacionado con el medio ambiente que rodea a la humanidad.

De esto último se puede desprender la alta responsabilidad ética del diseño y los diseñadores a nivel mundial.

Un buen punto de partida para entender éste fenómeno es revisar la Gestalt y como la teoría de sistemas aporta una visión amplia del tema.

Un filósofo contemporáneo, Vilém Flusser, propone, en su libro *Filosofía del diseño*, que el futuro (el destino de la humanidad) depende del diseño.

El proceso de diseñar, suele implicar las siguientes fases.

1. Observar y analizar el medio en el cual se desenvuelve el ser humano, descubriendo alguna necesidad.

2. Evaluar, mediante la organización y prioridad de las necesidades identificadas.

3. Planear y proyectar proponiendo un modo de solucionar esta necesidad, por medio de planos y maquetas, tratando de descubrir la posibilidad y viabilidad de la(s) solución(es).

4. Construir y ejecutar llevando a la vida real la idea inicial, por medio de materiales y procesos productivos.

Estos cuatro actos, se van haciendo uno tras otro, y a veces continuamente. Algunos teóricos del diseño no ven una jerarquización tan clara, ya que estos actos aparecen una y otra vez en el proceso de diseño.

Hoy por hoy, y debido al mejoramiento del trabajo del diseñador (gracias a mejores procesos de producción y recursos informáticos), podemos destacar otro acto fundamental en el proceso:

Diseñar como acto cultural implica conocer criterios de diseño como presentación, producción, significación, socialización, costos, mercadeo, entre otros.

Estos criterios son innumerables, pero son contables a medida que se definen los proyectos del diseño.

6.2 El Proyecto Exitoso:

Es difícil contestar esta pregunta rápidamente y de manera objetiva, si no se tiene toda la información disponible, además que normalmente las personas que cuestionan los resultados de un proyecto no están necesariamente familiarizadas con indicadores de performance o calidad de proyectos.

Las siguientes cuestiones a modo de preguntas, tratan de guiarnos hacia esta respuesta de manera práctica y ágil, siempre y cuando se tenga información histórica del proyecto o se conozcan a posteriori cuales fueron los resultados obtenidos.

6.3 Preguntas que debemos hacernos

1. El producto o servicio "entregado" cumplió las necesidades explícitas e implícitas del cliente (en funcionalidad y uso)?

2. El proyecto al final obtuvo una utilidad positiva para la empresa ejecutora?

3. Finalizado el proyecto se generaron nuevas oportunidades y negocios relacionados (Proyectos o Servicios)

La primera cuestión nos debe hacer pensar si el proyecto realizado genero valor en el cliente. El valor no solamente se mide por los resultados obtenidos sino por la percepción del cliente. Una rápida encuesta a los principales accionistas y/o sponsor principal nos pueden ayudar a saber si se cumplieron los objetivos y propósitos generales del proyecto.

Desde el punto de vista empresarial, los proyectos nacen para alcanzar una oportunidad del mercado y esta a la vez genere una utilidad para la empresa EJECUTORA, dicho en lenguaje sencillo "se hacen para ganar dinero". De nada vale un proyecto exitoso para un cliente pero con pérdidas para el proveedor, debe de haber un equilibrio. (Ganar, ganar)

Solo un cliente satisfecho con el producto o servicio adquirido vuelve a comprar o por lo menos considera a la empresa ejecutante para futuros negocios y proyectos. Este es el mejor indicador de un cliente satisfecho.

Utilice estos criterios generales si es que le parecen útiles o agrégueles otros propios si lo considera necesario, pero no se complique más de la cuenta a este nivel, lo importante es que pueda explicar en forma breve pero concisa si su proyecto fue exitoso o no.

Si en el ejercicio el resultado no le es favorable en alguna de las variables mencionadas, no se desanime tome las fallas o tropiezos como lecciones aprendidas y vuelva a la carga en su próximo proyecto en busca del "galardón" que usted se merece.

Recordemos que: El que persevera triunfa!

Temas de Investigación:

Procedimientos para someter proyectos.

CAPITULO 7: Estimado de Costos

7.- Introducción:

El tema de los Presupuestos de Obras, constituyen una parte integral muy importante para el desarrollo de cualquier proyecto de construcción. El éxito de un Presupuesto de Obras, depende no sólo de la experiencia de quién lo elabora, sino también que depende en gran medida de quién lo interpreta y lo utiliza, así como de la experiencia del mismo.

En la Industria de la Construcción cada vez se pone más estrecha la brecha que divide El Éxito del Fracaso, Las Ganancias de La Quiebra, por ello es indispensable que se manejen de forma eficiente los diferentes aspectos que intervienen en un proyecto de Construcción, como lo son los recursos de la obra con sus respectivos controles.

El Objetivo esencial de un Presupuesto, es determinar de manera anticipada, el valor del proyecto a construir, esto en primer lugar. En segundo lugar es que se convierta en una herramienta de control que nos permite conocer nuestros costos en todo momento de la obra.

Para los estimados de costos, debemos primeramente hacer una distinción entre los diferentes tipos de obras, como ya vimos en capítulos anteriores, las hemos clasificado en Obras Livianas y Pesadas, aunque modernamente se ha realizado una nueva clasificación de obras: Las Obras Horizontales y Las Obras Verticales.

A continuación vamos a hablar de cada una de ellas y establecer una serie de conceptos que nos servirán para entender mejor como realizamos los análisis de costos y los presupuestos de una obra de construcción.

Conceptos:

7.1 Qué es una obra horizontal:

Son todas aquellas obras que se construyen partiendo desde un punto fijo, sobre la Superficie terrestre y que se van construyendo a lo largo de la misma superficie hacia otro punto fijo.

Las obras horizontales se dividen según su dimensionamiento y sus características:

      7.1.1.- *Construcción de carreteras* con carpeta de rodamiento:
- Adoquinado.
- Asfaltado.
- Empedrado.
- Otros.

      7.1.2.- *Construcción de Sistema pluviales:*
- Encaches.
- Cunetas y canales.
- Drenaje Secundario.
- Alcantarillas.
- Puentes (Peatonales y Vehiculares).
- Rampas.

      7.1.3.- *Construcción de aceras peatonales:*
- Aceras.
- Bulevares.

      7.1.4.- *Construcción de caminos vecinales:*
- Rehabilitación de Caminos Vecinales.

      7.1.5.- *Construcción de Sistema Sanitarios:*
- Alcantarillado Sanitario.
- Planta de tratamientos de aguas residuales.

      7.1.6.- *Construcción de Sistemas de Agua Potable:*
- Acueductos Rurales.
- Acueductos Urbanos.

7.2 Qué es una obra vertical:

Son todas aquellas obras que se ejecutan o se realizan desde un punto del nivel de la superficie hacia arriba, rompiendo la ley de gravedad.

Estas obras se clasifican según sector: Social, y Económico productivo y por sus dimensiones y acabados en:

- Viviendas.
- Escuelas.
- Centro de Salud.
- Hogares de Ancianos.
- Comedores Infantiles.
- Centros Recreativos.

- Bibliotecas.
- Canchas Deportivas.
- Estadios.
- Parques.
- Centros Comunales.
- Mercados.
- Paradas de Buses.
- Centros Comerciales.
- Multifamiliares.
- Torres de Oficina.
- Estaciones de Combustibles.
- Supermercados.
- Etc.

7.3 Programación y presupuesto

Las actividades de programación y presupuesto están entrelazadas entre sí, y aunque no se pueden delimitar como dos etapas diferentes, antes y después del presupuesto se dan actividades de programación. Para nuestro caso, trataremos la Programación en un Capítulo posterior, aunque hagamos mención de ésta en actualmente.

La programación implica la anticipación de cómo se ejecutará una obra, involucra la formulación de un plan de acción para la ejecución y definición de los recursos necesarios para lograrlo en tiempo, costo y calidad acorde a especificaciones previas.

Las actividades de que consta un programa de obras son todas las necesarias para su realización, no solamente las de tipo constructivo, involucra actividades como instalaciones de oficinas, bodegas, champas, así como las relativas a terminación y entrega de la obra. En cada actividad se debe seleccionar adecuadamente la unidad de medida, de ello dependerá que la función de programación cumpla su objetivo en la etapa del control, para efecto de comparar lo programado contra lo ejecutado.

Así mismo, es de igual importancia la cantidad programada para cada actividad, en el caso de las actividades relativas a la ejecución de obras se obtiene directamente de los planos, a esta actividad se le conoce como cuantificación.

Posteriormente, en la etapa de la ejecución y control de la obra, se obtendrán las actividades reales directamente de lo ejecutado en obra mediante la actividad que se denomina medición o cubicación.

Para efecto de tener un programa de la ejecución de la obra lo más apegado a la realidad, aparte de contar con todos los elementos del proyecto, es importante tener el presupuesto definitivo de la obra misma como veremos más adelante.

Programación de Actividades   Proyecto
Villas Solar VH-7
Guavaberry Golf Resort Club   Santo Domingo
Octubre del 2013

ACTIVIDADES PROGRAMADAS	SEMANAS																											
	1	2	3	4	5	6	7	8	9	10	11	12	13	14	15	16	17	18	19	20	21	22	23	24	25	26	27	28
Villa No. 1	Octubre 2013				Noviembre 2013				Diciembre 2013				Enero 2014				Febrero 2014				Marzo 2014							
Fundaciones																												
Bloques del Primer Nivel																												
Losa de Primer Nivel																												
Bloques del Segundo Nivel																												
Losa de Segundo Nivel																												
Pino de Techo y Techos																												
Pañetes																												
Pisos																												
Puertas y Ventanas																												
Otras Instalaciones																												

Figura 7.1 Programación de obras

7.4 El proyecto:

El proyecto es la representación gráfica de la obra a ejecutar, y será determinado para fijar las bases de programación y control, es el producto del estudio de la factibilidad de la obra.

Con el objeto de contar con un proyecto lo más apegado a la realidad de las necesidades definidas, es importante que el Director de proyecto de la municipalidad verifique que se hayan considerado los siguientes aspectos:

• Estudio de factibilidad.
• Documento legal de adquisición de terreno.
• Obras de infraestructura y complementarias.
• Obras de mitigación del medio ambiente.

Todo proyecto debe constar como mínimo de la siguiente documentación:

• Planos Topográficos.
• Planos Arquitectónicos.

126

- Planta de Conjunto.
- Fachada, elevaciones y cortes.
- Planos estructurales.
- Planos de Cimentación.
- Estructuras.
- Planos de Instalaciones.
  - Eléctricas
  - Hidráulicas
  - Sanitarias
  - Especiales
  - Acabados
  - Obras exteriores
- Detalles constructivos.
- Especificaciones técnicas y otras.

7.5 Presupuesto de la obra

Dentro de la construcción, el control del presupuesto de la obras presentan particularidades propias de cada obra, en virtud de las características que diferencian este tipo de obras, al involucrar una serie de procesos y operaciones extensas, donde cada una implica métodos de construcción, equipos y maquinarias, mano de obra diferentes, al existir lugares de trabajo siempre diferentes, personal en la obra variados: profesionales, obreros calificados, obreros no calificados, cuyos costos por lo tanto son variables y difíciles de controlar.

Cada obra en particular requiere ser cuidadosamente estudiada y analizada desde todos los puntos de vistas: Normas específicas institucionales, métodos constructivos a utilizar, disponibilidad de recursos financieros, materiales y mano de obra, modalidad de contratación, fluctuaciones en el mercado, tiempos de ejecución, pliego de bases del concurso, ajuste de precios, etc.

Por lo anterior elaborar un presupuesto de obra representa una gran responsabilidad por el riesgo que involucra. La información que se maneje debe ser veraz y oportuna y, en la mayoría de los casos, debe integrarse en el menor tiempo posible en virtud de la proximidad de la obra y la variabilidad de los costos.

El presupuesto debe incluir el análisis del costo de cada elemento que interviene en la construcción de la obra.

Presupone el precio de la obra en determinadas circunstancias, por lo que es un valor aproximado, no preciso.

La realización de un Presupuesto de Obras, debe cumplir con una serie de características inherentes al mismo:

1) **Debe ser Detallado**, es decir divido en partidas claramente definidas que permitan controlar el proyecto.

2) **Debe ser Exacto**, tomando en cuenta en mayor grado de talles, lo que se traducirá en confiabilidad para el desarrollo del proyecto y control posterior.

3) **Debe ser Dinámico y Ágil**, de esta forma, todas y cada una de las partidas deben permitir arreglos durante la construcción, ya que sí cambian las condiciones o las especificaciones, se puedan corregir y reajustar sin mayores consecuencias.

4) **Debe ser Controlable**, es decir, que permita el poder ejercer acciones de Control de Costos, antes y durante la construcción del Proyecto hasta la terminación y puesta en funcionamiento del mismo.

				PROYECTO: VILLAS GUAVABERRY		
	PRESUPUESTO VILLA TURÍSTICA (A = 239 MT2)				Octubre del 2012	
No.	PARTIDA	CANTIDAD	UNIDAD	PRECIO UNITARIO	SUB-TOTAL	TOTAL
1.000	CONDICIONES GENERALES					100,000.00
1.001	INGENIERÍA (Servicios comunes)	1.00	Ud	100,000.00	100,000.00	
2.000	TRABAJOS PRELIMINARES					16,977.59
2.001	LIMPIEZA Y ACONDICIONAMIENTO SOLAR	1.00	PA	3,500.00	3,500.00	
2.002	CASETA PARA MATERIALES	1.00	PA	10,000.00	10,000.00	
2.003	REPLANTEO (MT2)	123.45	M2	28.17	3,477.59	
3.000	PREPARACIÓN DEL TERRENO					4,507.20
3.001	FUMIGACIÓN	225.36	M2	20.00	4,507.20	
4.000	MOVIMIENTO DE TIERRA					41,399.25
4.001	EXCAVACIÓN EN ROCA	30.65	M3N	900.00	27,585.00	
4.002	BOTE DE MATERIAL FUERA PROYECTO	15.14	M3S	250.00	3,785.00	
4.003	RELLENO CALICHE COMP/MACO	15.60	M3C	275.00	4,290.00	
4.004	RELLENO CALICHE COMP/MACO INTERIOR	20.87	M3C	275.00	5,739.25	
5.000	BAJO NIVEL DE PISO					166,274.00
5.001	H.A ZAPATA DE COLUMNA	0.50	M3	10,500.00	5,250.00	
5.002	H.A ZAPATA DE MUROS 0.15MT	1.27	M3	9,500.00	12,065.00	
5.003	H.A ZAPATA DE MUROS 0.20MT	6.75	M3	9,700.00	65,475.00	
5.004	BLOQUES DE 8" 3/6 @ 0.40 BNP	23.52	M3	700.00	16,464.00	
5.005	BLOQUES DE 6" 3/6 @ 0.40 BNP	7.70	M2	600.00	4,620.00	
5.006	H.A. LOSA DE PISO CON MALLA E=0.10MT	104.00	M2	600.00	62,400.00	

Figura 7.2 Presupuesto de obras

El Presupuesto de una obra se divide esencialmente en dos grupos:

a) Presupuesto de Construcción propiamente dicho (Materiales, Mano de Obra y Equipos)

b) Presupuesto correspondiente a los Costos Indirectos de Construcción.

7.6 El Estimado de Costos

Es una suposición de valor aproximado de un producto para condiciones no del todo definidas y requeridas para un tiempo mediato.

No es propiamente un presupuesto por lo que su realización requiere de tiempo y dedicación e involucra el análisis detallado de cada concepto que la integra.

Cuando se requiere de un presupuesto muchas veces se realiza primeramente un ante presupuesto (Estimado de Costos), mediante la aplicación de factores que definen la participación de cada concepto de obra en el presupuesto.

Contando con el costo por metro cuadrado (m2) previa experiencia de obras anteriores similares a las que se requiere, es factible y fácil entonces, elaborar un presupuesto con la cantidad de metros cuadrados a construir de cada obra en particular de forma aproximada.

7.7 Elementos del presupuesto:

Todo presupuesto de obra está formado por una serie de partidas o capítulos, que agrupan un concepto de obra o actividades, formuladas con una secuencia lógica y conveniente, desde el punto de vista constructivo o para efectos de pago.

Cada partida, como ya se anotó está conformada por conceptos de obra, mismos que constituyen la parte más importante del presupuesto para fines de medición y pago, y en algunos casos, dependiendo de la integración de los conceptos, para fines de programación de la ejecución de la obra a nivel de actividades.

Así mismo, cada concepto de obra, está construido por un conjunto de componentes caracterizado por materiales de construcción y rendimiento humanos, que integran la operación de la unidad de obra mediante el uso de la herramienta o equipo requerido.

7.8 Elaboración del presupuesto:

Para elaborar un presupuesto se requiere determinar todos los conceptos que intervienen en una obra. Para ello es necesario conocer el trabajo a realizar, estudiando los planos arquitectónicos, estructurales, y de instalaciones.

Debe verificarse que se contemplen todos los conceptos con las características y cualidades deseadas, previamente definidas en las especificaciones técnicas.

7.9 Factores determinantes en la elaboración del presupuesto:

- Ubicación.
- Tipo de suelo.
- Tipo de cimentación.
- Tipo de estructura.
- Materiales de acabados.
- Métodos constructivos.
- Tipo de instalaciones.
- Clima. Altitud, latitud de la región.
- Especificaciones técnicas de la obra.
- Fecha de inicio y terminación de la obra.
- Programa general de la obra por etapas.
- Condiciones de contratación de la obra.
- Disponibilidad de maquinaria (propia, renta o compra).
- Disponibilidad de materiales en la región.
- Disponibilidad de mano de obra especializada y su rendimiento.
- Factores sociales (sindicatos).

7.10 Etapas de elaboración de presupuesto:

1. Con base a los planos se determinan las partidas y se elaboran los Catálogos de conceptos que intervienen en la obra.

2. Se procede a realizar la cuantificación por concepto de trabajo

3. Una vez conocida la cuantificación por concepto de trabajo, se procede a cuantificar los materiales a utilizarse en cada concepto y en la calidad especificada.

4. Habiendo definido la relación de materiales y su cantidad se deberán investigar los precisos en el mercado de zona.

5. Se formarán las cuadrillas de trabajo y su costo por jornada de mano de obra que intervienen en la ejecución de los trabajos.

6. Una vez analizados los costos directos anteriores y conociendo los Costos indirectos de operación que intervienen durante el proceso de la Obra se procede a formar los precios unitarios de cada concepto de trabajo.

7. Con los análisis de precios unitarios, aplicados a los volúmenes a ejecutar, se obtiene el presupuesto de la obra.

7.11 Etapas de Desarrollo de un Presupuesto de Construcción:

1) Estimado de Costos Preliminar
2) Presupuesto Preliminar
3) Presupuesto Definitivo
4) Ajustes y Actualizaciones

7.12 Cuantificación del presupuesto:

Cada concepto de obra tendrá una unidad de medida que servirá de base para la cuantificación. Se determinará de acuerdo a las características de dimensión del propio concepto.

Esto quiere decir, se tomará la unidad más representativa que sirva tanto para efectos de pago como para el control del avance físico de la obra.

Las cantidades de cada concepto serán tomadas de los planos correspondientes, considerando las características de cada uno respecto a su unidad de medida denotando el total de obra a ejecutar.

7.13 Precio unitario:

Es la remuneración o pago total que debe cubrirse por cada unidad de concepto de trabajo terminado, ejecutado conforme a las especificaciones técnicas de construcción correspondiente.

Cada precio unitario está integrado por Costos Directos y Costos Indirectos.

Constituye el precio de cada concepto de obra. Para obtenerlo se analizan sus componentes: Los materiales, mano de obra, herramientas y equipos (costos directos), además de los gastos por administración de oficinas, impuestos y utilidad (costos Indirectos).

Un precio unitario está formado por todos aquellos componentes que, en su debida proporción, son requeridos para integrar una unidad de medida de un elemento de la obra.

Por ejemplo al analizar un precio unitario de un muro de determinadas características se encuentra que está integrado de una serie de componentes como, paredes, concreto, mano de obra y herramientas requeridas para construirlo, en su debida proporción para formar un metro cuadrado de muro, el cual constituye la unidad de medida que se utiliza en este caso.

Los contratistas y empresas constructoras manejan determinados tipos de precios unitarios dependiendo de la clase de obra que construyan.

El análisis y principalmente la actualización de estos precios unitarios representan para cualquier compañía una tarea tediosa, por la precisión de sus resultados, y costos, por los volúmenes que se manejan.

7.14 Costo directo:

Es el conjunto de erogaciones que tienen aplicación en un producto determinado. Está compuesto por la suma de los gastos de: materiales, mano de obra, equipos y herramientas.

La integración del costo de materiales en un precio unitario o en un presupuesto implica considerar su valor dependiendo del tiempo y lugar de su adquisición.

Por ello se deben analizar los posibles elementos que lo integrarán ya puesto en obra.

Factores que afectan el costo de un material:

- Precio de lista del proveedor.
- Fletes.
- Seguros.
- Almacenamiento.
- Maniobra de carga y descarga.
- Mermas y desperdicios.

El precio de lista del proveedor más los gastos de los factores ya descritos conformarán el costo del material puesto en obra, y será el que se considere para los efectos del presupuesto.

A fin de contar con un costo lo más aproximado, tomando en cuenta los aspectos de tiempo, lugar de la obra, secuencias y procesos constructivos, se recomienda algunas consideraciones importantes para tal efecto:

- Considerar el tiempo de adquisición y de su utilización
- Realizar una investigación de mercado considerando el lugar de la obra
- Considerar al menos a tres proveedores
- Considerar tipo de comunicación en la región
- Analizar las condiciones de las vías de comunicación, distancias y medios de transporte de carga.
- Analizar la conveniencia de asegurar el material dependiendo de su costo, tipo, volumen, distancia para su transportación y condiciones generales de la región

• Certificar que el tipo de material que se adquiere es el requerido mediante las especificaciones técnicas.

• Certificar la cantidad de material requerido, verificando los planos, croquis auxiliares y cálculo de desperdicios, etc.

• Establecer un control de existencias y salidas de material en bodega

• Considerar materiales auxiliares en la ejecución de algunos trabajos preparatorios de la obra.

Los Costos Directos de la Construcción deben tomar en cuenta tres conceptos fundamentales:

1) Los Materiales de Construcción:
* Clasificación de los Insumos.
* Elaboración de los Precios Unitarios.

2) La Mano de Obra:
* Prestaciones Sociales.
* Otras Consideraciones.

3) Los Equipos:
* El Valor de Posesión del Equipo.
* Los costos de mantenimiento.
* La depreciación.

7.15 Costo de mano de obra:

Es el conjunto de erogaciones que son aplicadas al pago del salario de los trabajadores de la construcción, ya sea a nivel individual o por grupos o cuadrillas por concepto de la ejecución directa de un trabajo establecido.

Este pago puede ser de dos formas esencialmente:

• Pago de una jornada de trabajo a un precio previamente acordado, nunca menor al salario mínimo.

- Destajo: Pago por la cantidad de obra realizada por cada trabajador o grupos de trabajadores a un precio unitario, previamente acordado.

Clasificación de los trabajadores de la construcción:

- **Peón**. Realiza labores como de demolición, excavaciones, acarreo, rellenos y ayuda a oficiales de albañilería.

- **Oficial de**: Albañilería, carpintería, electricidad, pintura, plomería, ebanistería, etc. Es el personal que realiza trabajos específicos según su rama de especialización.

- **Maestro de Obra**. Conoce de las actividades de la construcción, puede leer planos, supervisar y dirigir personal.

7.16 Costo de materiales:

La integración del costo de materiales en un precio unitario o en un presupuesto implica considerar su valor dependiendo del tiempo y lugar de su adquisición.

Por ello se deben de analizar los posibles elementos que lo integrarán ya puesto en la obra.

Factores que afectan el costo de material:

- Precio de proveedor.
- Fletes.
- Seguros.
- Almacenamiento.
- Maniobra de carga y descarga.
- Desperdicios.

El precio del proveedor más los gastos de los factores ya descritos conformarán el costo del material puesto en obra, y será el que se considere para efectos del presupuesto.

Con el fin de contar con un costo lo más aproximado, tomando en cuenta los aspectos de tiempo, lugar de la obra, secuencia y procesos constructivos, se recomiendan algunas consideraciones importantes para tal efecto:

- Considerar el tiempo de adquisición y de su utilización.
- Realizar una investigación de mercado considerando el lugar de la obra.
- Considerar por lo menos a tres proveedores.
- Analizar tipos de vías de comunicación, distancias y medios de transportes de carga.
- Analizar la conveniencia de asegurar el material dependiendo de su costo, tipo, volumen, distancia para su transportación y condiciones generales de la región.
- Certificar que el tipo de material que se adquiere es el requerido mediante las especificaciones técnicas.
- Certificar la cantidad de material requerido, verificando planos, croquis auxiliares y cálculo de desperdicios, etc.
- Establecer un control de existencia y salidas del material en bodega.
- Considerar materiales auxiliares en la ejecución de algunos trabajos preparatorios de la obra.

7.17 Costo de herramientas y equipos:

Herramienta. Las erogaciones por concepto de la depreciación de la herramienta que se utiliza en una obra de construcción, se considera como un porcentaje de la mano de obra(3% en la mayoría de los casos), que equivale aproximadamente al desgaste que sufre por uso, dicho cargo es con el objeto de reponer la herramienta de referencia, ya sea por la empresa o por el trabajador que en muchos casos usa su propia herramienta.

Este porcentaje es una costumbre que se ha generalizado para efectos de facilitar los cálculos de un análisis más extenso, de ninguna manera representa un costo real, toda vez que cada herramienta tiene un precio de adquisición distinto, así como una vida útil diferente.

El Equipo y la maquinaria, en cualquier obra implica una erogación considerable cuantía, tanto para sus cargos intrínsecos como por lo que representa en el desarrollo de la obra. Un análisis incorrecto de sus costos o la no disponibilidad para efectuar el trabajo correspondiente, en el tiempo programado, puede representar un desequilibrio financiero en la obra.

Para efectos de integrar los cargos de la maquinaria al presupuesto se realiza un análisis detallado el costo por hora-maquinaria, mismo que consta de los siguientes elementos:

- <u>Cargos Fijos</u>. Estos son los cargos por depreciación, inversión, seguro, almacén y mantenimiento.
- <u>Cargos Por Consumo</u>. Combustible, lubricantes y llantas.
- <u>Cargos Por Operación</u>. Salarios, horas efectivas de trabajo.

7.18 Los Desperdicios:

En cualquier proceso de construcción de un Proyecto, existen desperdicios y éstos, debemos de poder minimizarlos pero considerar los mismos en la elaboración y posterior control de nuestro presupuesto.

Los desperdicios dependen de una gran cantidad de factores, tales como:

a) Los Recortes normales en todo proceso constructivo.

b) Desperdicios por negligencia de los obreros.

c) Por Errores de los Obreros o por ignorancia de los mismos.

d) El Desperdicio por faltas en el Control de las Calidades de la Obra.

e) Por la incorrecta manipulación de los materiales.

f) Por dificultades inherentes a la obra misma.

g) Por diseños específicos en la colocación de un material, ente otros.

7.19 La Investigación de Los Precios:

Una de las partes más importantes en la elaboración de los Presupuestos de Obras de construcción, lo constituye la Investigación de los precios de los insumos.

En algunas empresas, se tiene un personal dedicado exclusivamente a esto, ya que la correcta investigación de precios en el mercado incide enormemente en la elaboración fidedigna de un Presupuesto de obras y puede significar el éxito o el fracaso económico del proyecto.

La investigación de los precios debe de cumplir con los siguientes requerimientos:

a) Debe ser actual

b) Sí tiene incluido el valor del Impuesto al valor agregado (IVA en algunos países) ITEBIS en República Dominicana.

c) Transporte a la Obra

d) Costo de descarga de materiales

e) Tiempos de entrega

f) Sí aplica la economía de Escala

g) Sí el pago previo implica ahorros.

7.20 Equipos, Maquinarias y Herramientas

El costo de los materiales, la mano de obra y el transporte son insumos de los presupuestos fácilmente calculables y medibles, en contraposición al uso de equipos y herramientas que son reutilizables y su cuantificación es mucho más difícil.

El valor o cuantificación por el uso de un equipo o herramienta va íntimamente ligado a los siguientes factores que debemos de considerar:

- Tamaño y Costo del Equipo.
- Tiempo de Uso.
- Rendimiento del Equipo.

- Cantidad de Obra a realizar
- Vida útil del equipo.
- Costos de Operación y Mantenimiento.

7.21 Inversiones en Equipos:

En muchas ocasiones, tenemos la tentación de invertir en equipos, pero es una decisión que no puede ser tomada sin un análisis cuidadoso. Cuando una empresa constructora invierte en equipos debe de tener en cuenta los siguientes aspectos:

- Justificación de la Inversión.
- Análisis de Rentabilidad.
- Tomar en cuenta Tiempos muertos.
- Conveniencia práctica de la posesión del equipo y su posible uso en otras obras.

Figura 7.3 Equipos Pesados de Construcción

Los siguientes aspectos son siempre considerados ya que son reales y tienen incidencia directa en la rentabilidad de la empresa:

- Costo Inicial del equipo.
- Gastos de Financiamiento y amortización.
- Impuestos por Activos de la empresa.
- Costos de Operación .
- Depreciaciones.
- Almacenamiento.
- Pólizas y Seguros.
- Administración y Rentabilidad.

7.22 Costos indirectos:

Son aquellos gastos que no pueden tener aplicación a un producto determinado y se considera como la suma de gastos técnicos administrativos necesarios para la correcta realización de cualquier proceso productivo.

Desde luego, existen entre los profesionales de la ingeniería, diferentes criterios en cuanto clasificar algunos costos como directos o indirectos.

Los Costos Indirectos se pueden clasificar en las siguientes partidas:

1) Gastos Generales.
2) Personal Administrativo.
3) Impuestos en Sentido General.
4) Servicios Públicos.
5) Imprevistos.
6) Estudios especiales y Honorarios Profesionales.

7.22.1 Los Gastos Generales:

Dentro de los Gastos generales se pueden considerar las siguientes partidas del presupuesto:

1) Obras provisionales.
2) Herramientas.

3) Maquinarias, Andamios y Equipos (Propios o rentados).

4) Instalaciones de servicios públicos provisionales.

5) Letreros y Vallas de la Obra.

6) Equipamiento de la oficina de la obra.

7) Material gastable de la obra.

8) Seguros y Pólizas.

9) Gastos de Transporte.

10) Limpieza de la Obra.

11) Viáticos.

12) Pruebas de Laboratorio para control de calidad.

13) Movimiento interno de materiales.

14) Gastos de Almacén.

15) Gastos de Seguridad.

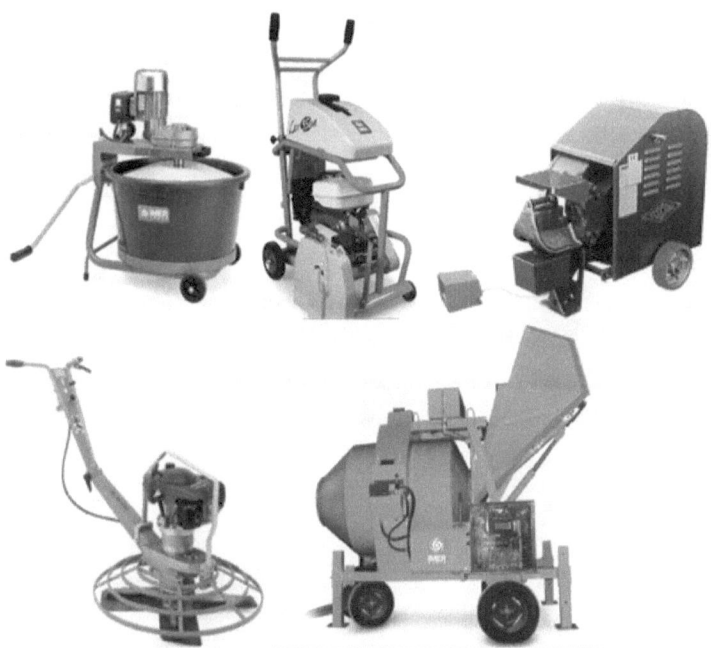

Figura 7.4 Equipos Livianos de construcción

Los Equipos y Herramientas

Los costos relacionados a las Herramientas y Equipos de construcción se calcular usualmente basados en los siguientes aspectos que siempre debemos de considerar:

- Costo directo del equipo o de la herramienta.
- Rendimiento del capital.
- Estimación por mantenimiento.
- Estimación por reparaciones.
- Estimación por desgaste.
- Costo de combustibles y lubricantes.
- Costo de reposición.
- Costos de traslado al finalizar la obra.
- Depreciación.

7.22.2 Personal Administrativo

Esta partida se refiere única y exclusivamente al personal administrativo del lugar de la obra, ya que el personal administrativo de la oficina de la empresa constructora no necesariamente se puede cargar íntegramente al costo de una sola obra en particular.

Aquí pueden entrar los siguientes actores:

1) Personal de dirección de la Obra (Ingenieros residentes, Administradores de la construcción, supervisores internos, etc.).

2) Personal auxiliar de Oficina de la obra (Incluyendo encargados de almacén, secretarias, mensajeros, serenos, etc.).

3) Sub contratistas de la obra.

4) Maestro de Obras.

5) Ajusteros.

6) Operarios.

7.22.3 Los Impuestos de la Construcción:

Esta partida se refiere únicamente a los impuestos derivados de la construcción misma y no se incluyen aquí ningún otro tipo de impuestos.

Aquí se incluyen los impuestos relativos al uso de suelo y los derivados de la permisología propia de la construcción

7.22.4 Los Servicios Públicos:

En esta partida se incluyen los gastos de instalación y uso de los siguientes servicios sí aplican para la obra en particular:

- Servicios de energía eléctrica.
- Servicios de Agua.
- Servicios de Alcantarillado Sanitario y Pluvial.
- Servicios de Teléfono.
- Servicios de Basura.

7.22.5 Los Imprevistos:

Los imprevistos como su nombre lo indica, no pueden ser debidamente cuantificados, sí lo pudieran, entonces no serían imprevistos. Los constructores con experiencia, de todas formas saben, que pueden estimar los imprevistos entre un 3 y un 5% para obras nuevas y entre un 10 y un 12% para remodelaciones y ampliaciones.

7.22.6 Estudios Especiales y Honorarios profesionales

Los colegios y asociaciones de Arquitectos, agrimensores e ingenieros poseen una tarifa detallada de cada uno de los aspectos que intervienen en la construcción de una obra:

- Anteproyecto, Proyecto y supervisión arquitectónica.
- Construcción propiamente dicha.
- Supervisión.
- Programación de Obras.
- Control de programación.
- Presupuestos de Construcción.
- Control de Presupuesto.
- Gerencia o Administración de un Proyecto.

- Asesorías Profesionales.
  - Estudio de Suelos
  - Cálculos estructurales
  - Cálculos para instalaciones eléctricas.
  - Estudios hidráulicos y sanitarios.
  - Instalaciones mecánicas.
  - Acústica.
  - Topografía y Mensura catastral
  - Avalúos.
  - Estudios de factibilidad y mercado.

El costo indirecto se divide en tres grandes grupos:

- el costo indirecto de operación,
- el costo indirecto de cada una de las obras y
- los cargos adicionales.

<u>**Costo Indirecto de Operación**</u>: Es la suma de gastos, que por su naturaleza, son aplicables a todas las obras efectuadas en un lapso determinado.

<u>**Costo Indirecto de Obra**</u>: es la suma de todos los gastos, que por su naturaleza, son de aplicación a todos los conceptos de una obra especial.

<u>**Cargos Adicionales**</u>: están integrados por imprevistos, financiamiento, utilidad, impuestos y fianzas.

7.23 Costos indirectos de operación:

Sugerimos dividir los gastos en los siguientes rubros enunciativos y de ninguna manera son limitativos, tan sólo es una guía de cómo pueden ser:

I- Gastos Técnicos Administrativos:
- Honorarios, sueldos y prestaciones.
- Servicios.

Estos gastos son los que representan la estructura ejecutiva, técnica administrativa y asesores.

II. Alquileres y Depreciaciones:
• (Depreciaciones, mantenimiento y renta)

Son aquellos gastos por concepto de bienes, muebles e inmuebles y de servicios necesarios para el buen desarrollo de las funciones técnicas, administrativas y de staff de la empresa.

Costo indirecto de operación
De empresas edificadoras

I. GASTOS TECNICOS ADMINISTRATIVOS

01. Gerente general
02. Gerente de producción
03. Planeación
04. Gerente control
05. Asesoría legal
06. Jefe Dpto. de proyectos
07. Asistente Dpto. de proyectos
08. Dibujante
09. Jefe Dpto. de Costo
10. Ayudante Dpto. de Costos
11. Contador
12. Jefe Dpto. de Compras
13. Choferes
14. Mecánicos y/o Electricistas
15. Secretaria
16. Recepcionista
17. Mensajero
18. Vigilancia

II. ALQUILERES Y AMORTIZACIONES

01. Alquiler de oficina
02. Depreciación de equipo

Costo indirecto de campo de obra de edificación

I. COSTOS TECNICOS Y ADMINISTRATIVOS

01. Jefe de obra

02. Residente

03. Ayudante del residente.

04 .Ing. Topógrafo

05. Cadenero

06. Porta Miras

07. Ing. Laboratorio

08. Ayudante de laboratorio

09.Jefe Administrativo

10. Ayudante Administrativo

11. Encargado Almacén

12. Superviso de Almacén

13. Chofer

14. Electricista

15. Sanitario

16. Limpieza

17.Secretaria

18. Seguridad

19. Entre otros

7.24 Presupuesto de Obras para Licitaciones

En la vida de cualquier empresa de la construcción se van a presentar las situaciones de licitación, ya sean éstas públicas o privadas. Para realizar presupuestos que sean competitivos para licitar, se deben de tomar en cuentas aspectos adicionales a los que se toman para los presupuestos de obra normales.

En consecuencia los costos directos de producción de obra, son esencialmente los mismos y debemos de tener en cuenta los siguientes aspectos cuando entramos a una licitación:

a) Costos por elaboración de la Propuesta:
    Especialistas en Presupuestos.
    Costos de recopilación de documentos de soporte y certificaciones varias.
    Gastos de Papelería, fotocopias, encuadernados, etc.
    Pólizas y fianzas.

b) Costos Legales para la adjudicación del Contrato

c) Otros costos derivados de la licitación

Esquema de presupuesto de obra

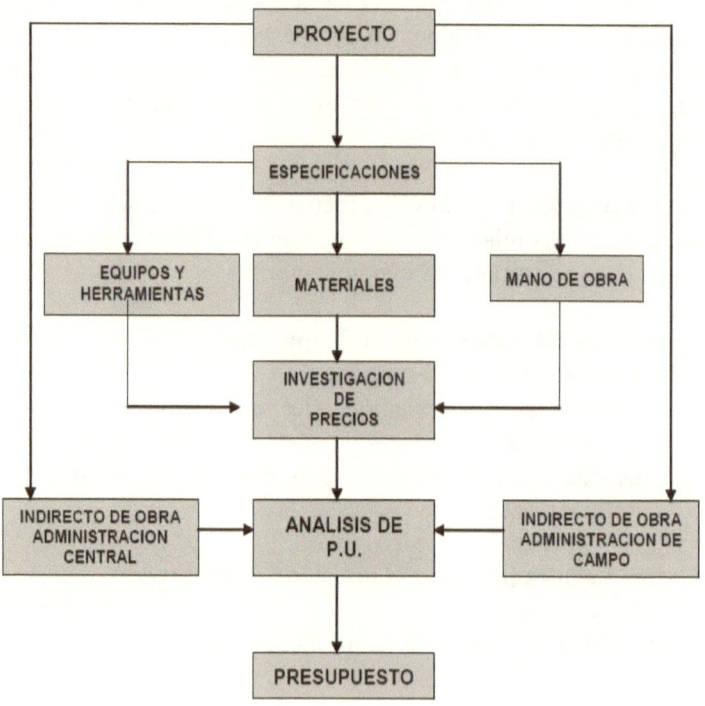

Figura 7.5

CAPITULO 8: La Supervisión

8.1 Introducción:

La supervisión de obras es en realidad una labor de consultoría, en donde se lleva a cabo la prestación de un servicio a través de la capacidad, experiencia y los conocimientos del llamado supervisor, quien deberá tener siempre en sus acciones, elevados niveles de ética, grandes conocimientos sobre los diferentes métodos constructivos, así como una buena capacidad de negociación con los constructores, siempre defendiendo a su cliente: El Propietario o Dueño de la obra.

El supervisor (Ingeniero o Arquitecto), representa al propietario de la obra en la obra misma y tiene a su cargo controlar el cumplimiento de que la misma se realice de acuerdo a los planos, con la calidad especificada en los documentos contractuales y en el tiempo establecido.

Cada día existen en nuestro país mayor cantidad de obras otorgadas por vías de concursos o licitaciones por su elevado presupuesto, lo que traerá de igual forma la necesidad imperiosa de contratar empresas que supervisen estas obras, de forma tal que se pueda garantizar el buen uso de los fondos.

La supervisión de obras se puede realizar en tres etapas diferentes dentro de un proyecto:

1. Durante la Planificación y el Diseño (Revisión de planos, presupuestos, contratos, programación, etc.).
2. Durante la ejecución propiamente dicha de la obra.
3. Posterior a la Construcción (Auditoria del proyecto).

Las Auditorías pueden ser: Técnica, Administrativa, Legal ó Económica. De la misma forma, dentro de los proyectos de construcción, las supervisiones pueden ser internas o externas a la institución

Existe un principio en la supervisión de obras que reza:

"El que Ejecuta no Comprueba, y el que Comprueba no Ejecuta",
ya que en las obras de ingeniería jamás se puede ser **JUEZ** y **PARTE** a la vez.

Cuando se lleva a cabo una obra de ingeniería, se requiere la intervención una tercera persona, el supervisor, que sirve de testigo y de árbitro entre las partes, siendo siempre un defensor del propietario de la obra, procurando que se cumpla con lo contratado, sin perjudicar a sabiendas los intereses del contratista.

Para un supervisor, lo más importante lo constituye el desarrollo de la obra misma, tomando en cuenta lo contratado, de acuerdo a planos y especificaciones, pero actuando siempre con objetividad y justicia.

Es importante tener en cuenta además que el Supervisor tiene limitaciones y aunque representa al propietario, no podrá en ningún caso exonerar al contratista de sus obligaciones sin la autorización del dueño. De igual forma no podrá ordenar trabajos adicionales que conlleven un cambio importante de la obra sin el conocimiento del propietario.

8.2.- Supervisión de Obras. Definiciones:

8.2.1 **Obra**: Es la labor de construcción, reparación, remodelación, ampliación, demolición u otra labor similar en un proyecto determinado.

8.2.2 **Proyectos**: Trabajos realizados por un cuerpo de profesionales representados a través de planos y especificaciones, que responden a las necesidades del Propietario.

8.2.3 **Trabajo**: Es la labor de idea, anteproyecto, diseño, cálculo, estimado de costos, planos, estudio de propuestas, supervisión, asesoría, que se realizan en una obra.

8.2.4 **Planos Definitivos**: Es el conjunto de dibujos técnicos que cubre la localización, ubicación, elevaciones, secciones, estructuras (incluyendo cálculos), instalaciones eléctricas y sanitarias de un proyecto.

8.2.5 **Especificaciones**: Son las partes escritas del proyecto que establecen los requisitos técnicos del mismo. Es igualmente el documento que define las condiciones que regulan la ejecución de diversas labores, tipos de materiales, y su proporción y por ende servirán de base para establecer los costos.

8.2.6 **Presupuesto Detallado**: Es el confeccionado sobre la base de las cantidades de las diferentes partidas de la obra con sus respectivos precios unitarios. Debe incluir de forma detallada sus correspondientes Análisis de Costos y el grado de terminación de cada Partida.

8.2.7 **Dirección Técnica**: Es el conjunto de todas las diligencias necesarias para llevar a cabo la construcción de la obra, llenando los requisitos de lugar, cumpliendo y haciendo cumplir lo establecido en los Planos y las Especificaciones técnicas

8.2.8 **Encargado de la Obra**: Es el ingeniero o arquitecto que se encuentra al frente de la obra, responsable de la interpretación del proyecto y de la dirección técnica de los trabajos de construcción, con o sin responsabilidad administrativa.

8.2.9 **Contratista**: Es la persona física o moral debidamente calificada que tiene a su cargo la ejecución total o parcial de construcción de una obra. Es el responsable ante el Propietario de la terminación de la obra

8.2.10 **La Supervisión:** Es el Conjunto de trabajos de vigilancia necesarios para garantizar al propietario la ejecución de la obra por parte del contratista, de acuerdo a los planos y especificaciones, llenando las normas que rigen la material, incluyendo trabajos de fiscalización periódicas, así como la recepción final de la obra, mediante levantamiento de las cantidades realizadas.

8.2.11 **Cubicaciones:** Son los trabajos de medición de campo, levantamientos y comprobación de las cantidades de obra realizadas por el contratista, así como la utilización exacta y veraz de los precios definidos en el contrato.

8.2.12 **Supervisor:** Es el profesional de la ingeniería o la arquitectura que realiza la labor de supervisión.

8.2.13 **Vicio Oculto:** Se refiere a defectos que no se percibieron en las inspecciones y que aparecen a simple vista, luego de terminada la obra.

8.2.14 **Conducta del Supervisor de Obras**

8.2.14.1 **Manera Justa y Discreta**: En el desempeño de sus funciones, el Supervisor de obras se conducirá de manera justa y discreta en sus relaciones con el Contratista y/o sus representantes, y con cualquier otra persona relacionada con las obras.

8.2.14.2 **Atención Inmediata**: El supervisor concederá atención rápida, dentro de los límites de su autoridad, a las solicitudes que se le formulen con relación a la interpretación de planos y especificaciones. Sus decisiones deberán ser formuladas por escrito.

8.2.14.3 **Sentido Común**: Aquellos casos no previstos en la presente guía, serán decididos por el Supervisor, usando el sentido común de buena fe.

8.2.15 **Relaciones en las obras. Conducta General**: Para lograr y mantener las normas de la construcción, en ningún caso el Supervisor podrá contraer obligaciones o entrar en "acuerdos" con el Contratista. La supervisión mantendrá relaciones cordiales pero objetivas con todas las personas que tengan que ver con la obra

La supervisión no debe excederse en lo relativo a las especificaciones, dictando métodos para la ejecución de las obras. Aunque se debe cumplir con lo dispuesto en las especificaciones, los métodos administrativos de las obras le corresponden al Contratista. No obstante si a juicio del Supervisor se siguen métodos que menoscaben o disminuyan la calidad, se deberá entonces consultar a una instancia superior.

Todos los documentos y la correspondencia de la Supervisión son confidenciales y se tratarán como tales. La Supervisión de campo no está autorizada a realizar cambios sustanciales en los planos y/o las especificaciones sin la previa autorización escrita de la Oficina.

8.2.16 **Partes Envueltas o Relacionadas en una obra**: Las partes que participan en la construcción de una obra son las que siguen:

- El Propietario en sí de la obra, que puede ser: El Cliente, el dueño, el promotor de obras para su posterior venta, un inversionista en una obra propia con su correspondiente participación de beneficios, El Estado (Gobierno del país o Gobierno Municipal, etc.)

- Los Consultores: Que constituyen una amplia gama de profesionales en la obra, tales como: Arquitectos, Diseñadores, Decoradores, Paisajistas, Ingeniero Civil, Ingeniero Eléctrico, Ingeniero Hidráulico, Ing. Mecánico, Aire Acondicionado, Administradores de la Construcción, Supervisores, entre otros profesiones que intervienen en el desarrollo de la construcción de cualquier obra.

- El Contratista (Constructores, Administradores de la Construcción, Ejecutor de Proyectos, Subcontratistas, etc.)

8.3.- Inspección o Supervisión:

En este acápite trataremos todo lo relativo a los reglamentos que se refieren a los detalles del trabajo de Supervisión, incluyendo la coordinación de labores, redacción de informes, estudio e interpretación de planos y especificaciones y fiscalización de obras.

Los tipos de Supervisión van íntimamente ligados con los tipos de obras de construcción, que son los que siguen:

- **Obras de Construcciones Pesadas**: Las que utilizan una gran cantidad de equipos con grandes movimientos de tierra. La supervisión se concentra en el control del buen uso de los equipos y la realización de mediciones correctas para la realización de la obra en cuestión

Figura 8.1 Maquinaria Pesada

- **Obras de Construcciones Livianas**: Utilizan mayormente el recurso de materiales con un buen porcentaje de mano de obra. La supervisión procura la correcta realización de los trabajos de las diferentes partidas, poniendo un gran énfasis en la correcta colocación de los materiales, así como el control del uso de los materiales especificados en el contrato. Organización de la Estructura de Supervisión

La organización de la estructura de supervisión debe ser de forma tal que cubra todos los aspectos a ser supervisados, respondiendo de igual forma a los requerimientos del propietario.

La estructura de supervisión depende en gran medida de la forma de trabajo del Contratista y adaptarse además a la organización o estructura del dueño de la obra.

Esta estructura de Supervisión de obras requiere por lo general, de un personal de campo y otro de oficina, dependiendo del tamaño del proyecto. El personal de campo tiene como función esencial la toma de datos y la verificación de los diferentes procesos de construcción, manteniendo siempre una presencia física continua en la obra. En caso de obras con movimiento de tierra se requiere igualmente una brigada topográfica y otra de mecánica de suelos que incluya un laboratorio.

El personal de oficina será responsable de procesar los datos provenientes del campo y se encargará igualmente de la parte administrativa, realizando las comunicaciones formales al contratista y al propietario. Es conveniente que el propietario reciba copia de todas las comunicaciones formales que se envían al contratista.

Figura 8.2 Supervisando una Obra de Construcción

En algunos proyectos grandes se contratan supervisores especializados, pero todos deben de estar bajo la tutela de una Supervisión General del Proyecto o la Obra.

Es muy importante que la estructura organizativa de la Supervisión sea capacitada, competente y sobre todo ágil, ya que nunca debe ser un estorbo para el normal desenvolvimiento de la construcción.

Para tener un mejor conocimiento de la estructura organizativa de la Supervisión debemos destacar que el Supervisor es responsable de velar por el correcto desarrollo de los Planos y por el fiel cumplimiento de lo contratado, manteniendo las normas de calidad en el tiempo señalado.

El Perfil del Supervisor de Obras:

- Ser Ingeniero o Arquitecto.
- Capacidad Comprobada en el tipo de obra a supervisar.
- Experiencia en la construcción o Supervisión.
- Poseedor de altas normas de ética profesional.
- Organizado.
- Disciplinado.
- Objetivo.
- Discreto.
- Evaluador por naturaleza.
- Capacidad de comunicación tanto con el Propietario como con el Contratista.
- Ser un buen escuchador.
- Capacidad de resolver problemas.
- Saber preparar informes.
- Conocimiento de los Documentos Contractuales.
- Conocimiento de Pruebas de Laboratorio y Ensayos de Materiales.

8.3.1 **Misión del Supervisor**: La misión esencial del Supervisor consiste en hacer que las obras cumplan los requisitos establecidos en los planos y las especificaciones en cuanto a materiales y obra de mano se refiere, vigilando siempre el fiel cumplimiento de las buenas normas constructivas.

8.3.2 **Coordinación de Labores**: La Supervisión debe coordinar cuidadosamente la labor de inspección, siguiendo un plan definido, con el Contratista o su representante.

La Supervisión debe determinar con la mayor anticipación posible las tareas que van a realizar los obreros en sus distintos oficios. De esta forma realizará a tiempo inspecciones completas sin demorar al contratista.

El Supervisor establecerá el procedimiento adecuado para asegurarse de que cada etapa del trabajo no se cubra antes de ser inspeccionada y aprobada.

8.3.3 **Descubrimiento de Defectos**: Es deber del Supervisor escoger de antemano puntos de verificación durante el desarrollo de la obra, en los cuales practicará inspecciones con el conocimiento del Contratista.

La Supervisión debe tratar de descubrir y señalar las imperfecciones lo antes posible a fin de que el Contratista pueda corregirlas lo más rápido posible.

8.3.4 **Informes**: Es responsabilidad de la supervisión el realizar informes sobre cada una de las partidas que se ejecuten en la obra, incluyendo la aprobación de los vaciados de hormigón, así como informar aquellos casos en que a su juicio no se hayan cumplido los requisitos establecidos en planos y especificaciones.

El Supervisor dejará constancia escrita de cualquier irregularidad en el mismo momento y lugar en que la descubra. También tendrá a su cargo un "Archivo de Casos Pendientes", en donde comprobará periódicamente si se han hecho o no las rectificaciones necesarias.

8.3.5 **Estudio de Planos y Especificaciones**: La Supervisión tiene el deber de familiarizarse debidamente con los requisitos indicados en los Planos y las especificaciones para poder ejercer efectivamente sus labores.

8.3.6 **Inspección Constante**: Existen ciertos tipos de construcción que por su naturaleza, requieren la presencia constante del Supervisor durante la realización de las obras, a fin de lograr resultados adecuados.

Este requisito se suele aplicar al tipo de labor cuya calidad no puede determinarse fácilmente con una simple inspección ocular luego de realizada la obra.

Por lo tanto el Supervisor debe estar presente en este tipo de obra cuando se esté vaciando hormigón, colocando pavimento asfáltico o durante la realización de cualquier otra labor que requiera su presencia.

El Supervisor debe encontrarse en la obra cuando su presencia sea requerida (aún en horas no laborables), a fin de asegurar la buena ejecución de las obras a supervisar.

8.3.7 **Cubicaciones (Fiscalizaciones)**: La labor del supervisor incluye el efectuar las Cubicaciones necesarias de la obra en forma periódica.

Esta cubicación incluye los siguientes pasos:

- Medición directa de las cantidades de obra realizadas.
- Multiplicación de estas cantidades por los precios unitarios que se acordaron en el presupuesto contratado, cuya suma posterior nos dará el Sub-Total Cubicado.

- Determinación de los costos indirectos a pagar (Dirección Técnica y Responsabilidad, Seguros y Fianzas, Gastos Administrativos y de Transporte, etc..), los cuales en su mayoría son dados como porcentaje del Sub-Total.

- El total General se calcula sumando el sub-total con los costos indirectos.

- En los casos en que se haya otorgado al Contratista un avance inicial a la firma del contrato, el mismo se amortizará en la misma proporción en cada cubicación.

- Igualmente se descontará del total general la suma de las cubicaciones anteriores.

- Es de rigor descontar de igual forma un porcentaje (usualmente un 5%) como retención por vicios ocultos.

- En muchas obras existen imprevistos o adicionales, los cuales deben estar previamente autorizados y se sumarán a la cubicación.

Figura 8.3 Supervisión de Obras

8.3.8 **Deberes del Contratista**: El contratista ante todo tiene el deber de facilitar la supervisión utilizando todos los medios a su alcance.

Antes del inicio de las obras, el contratista debe nombrar a una persona autorizada por él que le represente en las mismas.

El Contratista está obligado a suministrar y colocar en las obras un letrero de por lo menos un metro cuadrado, señalando el tipo de obra, el contratista y/o la compañía constructora y el profesional responsable con su respectiva colegiatura.

El Contratista deberá entregar un plan de progreso de la obra basado en la realidad, el cual será evaluado mensualmente.

En conclusión las funciones específicas de la Supervisión son las siguientes:

- Revisar y Analizar documentos contractuales.
- Suscribir el Acta de Inicio de la Obra.
- Verificar la propiedad donde se realizará la construcción.
- Información Técnica para avalúos en casos necesarios.
- Actualización de planos y diseños.
- Elaboración de Planos de detalles.
- Control del Avance Inicial.
- Instalaciones en la obra.
- Entrega al constructor de planos y especificaciones.
- Exigencia del inicio de los trabajos.
- Abril la Bitácora.
- El Archivo de la obra.
- Analizar junto al constructor planos y especificaciones.
- Verificación del equipo disponible.
- Mantener relación directa con el personal del constructor.
- Entregar puntos topográficos del proyecto.
- Verificar el replanteo.

- Ensayos y control de calidad.
- Controlar el avance de obra.
- Estado financiero del contrato.
- Informes.
- Uso de equipos.
- Revisión trimestral.
- Uso de señalización.
- Protección de los Recursos Naturales.
- Dar respuesta a reclamaciones.
- Elaboración junto al contratista de los Planos "As Built".
- Informe Final y recepción de la obra.

8.4.- Requisitos de Obra de Mano

8.4.1 **Precisión**: Un elemento básico de idoneidad de un supervisor es que posea profundos conocimientos prácticos sobre las distintas calidades de obra de mano para las diversas clases de estructuras y detalles del trabajo.

La determinación del grado de precisión en cada fase del trabajo, requiere sentido común y sólido criterio por parte del Supervisor.

8.4.2 **Cumplimiento del Trabajo**: Una fase de gran importancia en la labor de supervisión lo es cuando la obra toca a su fin y es necesario verificar los requisitos con el objetivo de ver si han sido satisfechas todas y cada una de las especificaciones establecidas en los planos, incluyendo la limpieza final de la obra

8.5.- Documentación e Informes del Supervisor

Es indispensable para ambas partes que exista formalidad en la documentación e informes entre supervisores y contratistas.

Aunque es de todos conocidos que la comunicación verbal es muy común en nuestro medio, de ninguna forma podrá la misma sustituir la documentación formal que se requiere en un proyecto de construcción.

Deben existir canales de comunicación adecuados entre el Propietario y la parte que construye la obra y deben de existir documentos firmados y recibidos por las mismas para que constituyan pruebas para el futuro. La Supervisión por ende es responsable de que las actividades realizadas queden por escrito, para que luego nadie alegue ignorancia. Las sugerencias al Propietario de igual forma siempre deben hacerse por escrito.

El Supervisor igualmente velará por el uso adecuado de la Bitácora, ya que es un gran instrumento que permite el asentimiento de las actividades diarias en la obra.

8.5.1 <u>Documentos</u>:

8.5.1.1 **El Diario General**: La supervisión debe llevar un Diario General o bitácora. La Bitácora sirve para registrar por escrito, todo lo que pasa diariamente en la obra.

Las anotaciones deben hacerse a tinta. El diario debe contener un breve resumen de todo lo que tenga lugar en la obra, incluyendo consultas, conversaciones telefónicas, observaciones, comentarios de los contratistas, etc., se hará contar de igual forma la fecha, el lugar, las personas presentes, los materiales, y cualquier asunto que ocasiona o pueda crear en el futuro diferencias con el contratista en lo relacionado a las labores realizadas.

Las anotaciones que se hagan deben redactarse, como máximo, el día siguiente de la jornada descrita. Nunca posteriormente.

La bitácora o Libro Diario es simplemente una mascota o un libro "record" preferiblemente, porque se tiene mayor duración y sus páginas se encuentran numeradas, la portada es de pasa dura, lo que protege el libro.

La bitácora deberá estar siempre presente en una de las oficinas de la obra, bajo el cuidado del Contratista o su Ingeniero Residente. El mismo pasará finalmente a formar parte de los documentos del Propietario junto a los Planos "As Built".

Cualquiera de las partes tiene derecho a escribir en la bitácora, incluso para aclarar situaciones y puede además solicitar copias del mismo.

Es pertinente destacar que en la bitácora podrá escribir las personas autorizadas a hacerlo solamente: El Propietario, El Contratista o su Ingeniero Residente y la Supervisión.

Es obligatorio que diariamente se anote en el libro las novedades del día, comenzando por el clima, las labores que se realizaron, problemas sí los hubiere, observaciones, materiales que llegaron a la obra, equipos que laboraron, órdenes de cambio, autorizaciones, solicitudes de pruebas de laboratorio, visitantes a la obra, etc. Es recomendable que ambas partes: Contratistas y Supervisores firme como visto y leído lo que se escribe en la bitácora.

"Las Palabras se las lleva el viento", alguien dijo una vez, y es verdad. Debemos escribir todo, ya que cuando surge un conflicto por pequeño que sea y se necesite hacer un reclamo, la Bitácora servirá como documento o herramienta de consulta.

8.5.1.2 **Inspecciones**: Las Inspecciones de Obra son un conjunto de labores de supervisión para garantizar al Propietario la ejecución de la obra, de acuerdo a lo establecido en los documentos que acompañan al contrato.

Los informes de inspecciones se harán como resultado de la realización de las mismas, en donde se aprobarán o rechazarán labores, o donde se sugerirán rectificaciones a ser realizadas por el Contratista. Las mismas se archivarán en orden cronológico.

Entre las partidas que usualmente se inspeccionan por la Supervisión por su gran importancia están:

- El Replanteo.
- La Calidad de los materiales a utilizar.
- Proveedores.
- Distancia de Acarreo.
- Los Hormigones (Iniciando por el encofrado, la colocación de varillas, las instalaciones eléctricas, sanitarias y de aire acondicionado, incluso instalación de sistemas de alarmas, terminando con la calidad del hormigón a vaciar, el vibrado, etc.).
- Compactación de rellenos.
- Instalaciones Sanitarias e hidráulicas.
- Instalaciones Eléctricas y Mecánicas.
- Buena terminación de pisos y paredes, incluyendo los revestimientos.
- Ensayos de laboratorio de materiales y suelos.
- Cumplimiento de Normas de Seguridad.
- Tiempo de Ejecución de los trabajos.
- Pre-Inspección final de la obra.
- Inspección final de la obra y aceptación de los trabajos.

El supervisor debe de informar de inmediato al Contratista de cualquier observación o mala práctica en la ejecución de los trabajos, si no lo hace el mismo se convierte en corresponsable del error por no haberlo notificado a tiempo.

8.5.2 Formularios e Informes:

La Supervisión debe diseñar un buen sistema de formularios, que le permitan tener a mano la mayor cantidad de datos de la obra en cualquier momento.

Estos informes y formularios, son muy importantes no sólo para la Supervisión, sino también para el Constructor y deben ser sencillos y fáciles de utilizar. Existen varios tipos de informes como son: El informe de inicio, el informe de progreso, el informe final.

Entre los formularios más necesarios en una construcción se encuentran:

- Toma de Datos para las Cantidades de Obras realizadas.
- Control de Calidad.
- Control de Costos.
- Control de Uso de Equipos.
- Control de Mano de Obra (Varios Tipos).
- Control del Tiempo.
- Llegadas de materiales a la obra.
- Control de consumo de materiales.
- Formulario para órdenes de cambio.
- Autorizaciones y prohibiciones.
- Uso de Fotografías y Videos.

Luego de levantar los datos en campo, es conveniente asentarlos en la oficina utilizando el computador y los programas pertinentes. Recordemos que estos levantamientos sirven como justificativa del informe de progreso de obra al propietario.

8.5.2.1 **Informe sobre Progreso de Obras**: Se realizará mensualmente. Este informe incluirá un resumen de las inspecciones practicadas y contendrá todos los datos necesarios para mantener al tanto de lo que ocurre en la obra a la Oficina.

El informe de progreso de obra incluirá lo siguiente:

- Órdenes e instrucciones verbales impartidas al contratista.
- Problemas que queden por resolver.
- Informe general del progreso de la obra. El supervisor en este caso analizará el progreso que se haya efectuado, acompañado de una copia del plan de progreso suministrado por el contratista.
- Consideraciones sobre la suficiencia del personal.
- Suficiencia de los materiales en depósito.
- Evaluación del personal técnico.

- Datos sobre la actuación del Contratista, evaluación de su administración y la cooperación prestada a la Supervisión.
- Viabilidad de los planos, comentarios específicos de los mismos, indicaciones y sugerencias.

8.6.- Aceptación de las Obras

8.6.1 **Aceptación General**:   Aunque se haya ejercido una inspección constante de las obras y hayan sido aprobadas como aceptables las labores del Contratista, las edificaciones deben someterse a una inspección final. El propósito de la misma es comprobar que todas las obras hayan sido terminadas a entera satisfacción de acuerdo a los planos y especificaciones.

Antes de la recepción de una obra, se realiza lo que llamamos una pre-recepción con el objetivo de verificar todos los detalles inherentes a la recepción y este es el momento en que una comisión realiza una inspección completa y presenta una lista con todo lo que tiene que arreglarse o que falta por hacerse, fijando una fecha entre la Supervisión y el Contratista para realizar entonces la inspección final de la recepción de la obra.

Por lo general, la pre-recepción de la obra se realiza entre el Contratista y la supervisión. La supervisión no dará la Supervisión Final hasta que estén corregidas todas las fallas encontradas en la pre-recepción.

Figura 8.4 Supervisando una Obra Vial

Se recomienda que el Supervisor sea lo más minucioso posible, pues se encuentra en entredicho su capacidad profesional y su integridad en la Supervisión.

La Recepción Final debe hacerse con una comisión en que se encuentre el Propietario, el Contratista y la supervisión (en algunos casos se incluye también un profesional competente externo).

Este paso debe darse cuando la Supervisión así lo indique y la obra pueda ser ocupada y darle el uso que corresponda.

Inmediatamente debe emitirse el llamado "Certificado de Recepción Final", que descargará al Constructor de fallas por mal uso de las instalaciones.

8.7.- La Supervisión de los Aspectos Legales:

La Supervisión debe tener conocimiento total de los aspectos legales que debe vigilar y por ello debe tenerlos a mano. Estos son los documentos contractuales (Son el conjunto de documentación que acompaña al contrato en sí).

La supervisión velará por el fiel cumplimiento de los aspectos legales de ambas partes.

Los documentos contractuales, tal como hemos mencionado anteriormente, son los siguientes:

- El Contrato propiamente dicho.
- Los Planos Completos.
- El Presupuesto de la Obra.
- Los Análisis de Costos.
- La Programación de la Obra.
- Las Especificaciones.
- Bases Administrativas (En caso de concurso).

8.8.- La Supervisión Técnica:

Aspectos a supervisar:

- Control de Calidad.
- Ensayos.
- Especificaciones.
- Normas (ASTM, AASHTO, ACI, PCA).
- Procesos constructivos.
- Limpieza de la obra.
- Mediciones (son la base para la realización de las cubicaciones).
- Control de tiempo o Programa de Obra (Diagrama de Gantt, CPM, etc.).
- Control de Recursos (Mano de Obra, Materiales y Equipos).
- Control de Rendimiento de Recursos.

8.9.- La Fiscalización

Los instrumentos de la fiscalización son los siguientes:

- El Presupuesto de la Obra.
- Los Análisis de Costo.
- Las Especificaciones Técnicas.
- Las Especificaciones de terminación.
- Las Órdenes de Cambio.
- Las Reclamaciones.
    - Causadas por el Propietario
    - Causadas por el Contratista
    - Causadas por ambos
    - Causadas por fuentes externas

Por su naturaleza las reclamaciones pueden clasificarse como sigue:

- Cambios en la Construcción (Secuencias del trabajo, cambio de metodología, errores en planos, altos estándares)
- Aceleramientos
- Cambios en las condiciones
- Modificaciones del Programa de Obra

o   Demoras
o   Misceláneos (Rompimiento Contrato, Negativa del Propietario a aceptar un trabajo realizado, Ocupación antes de terminar, Cambios del alcance del proyecto, Trabajos defectuosos, trabajos extras, suspensión del contrato, etc.)

- Los Adicionales
  - o   Por aumento en las cantidades
  - o   Por escalamiento de Precios
  - o   Nuevas Partidas no contempladas al inicio

8.9.1 El Reporte de Cubicación:

El reporte de cubicación es preparado por la supervisión y contiene todas las partidas consideradas en el Presupuesto de la obra, con sus respectivas cantidades, Precios Unitarios, Valores, porcentajes ejecutados y el valor de lo ejecutado.

La cubicación ofrece rápidamente el avance físico y financiero del proyecto.

El Reporte de Cubicación sirve como base para el pago debidamente correspondiente al Contratista de la obra.

Es conveniente que se anexe de igual forma un Resumen del Reporte de Cubicación, para que se pueda visualizar de una forma ágil el aspecto general de la obra, incluyendo su nivel de avance, de acuerdo a lo programado y contratado.

Existen diversas formas de realizar una cubicación, la más recomendable es la llamada "cubicación por arrastre", ya que se contempla en la misma la cubicación acumulada cada mes y permite hacer correcciones al mes siguiente.

La misma sirve para justificar los pagos parciales a los contratistas, hasta que se completa la obra y se realiza la cubicación final.

Cuando existen adicionales en un proyecto u obra, el reporte de cubicación debe contener:

- o Cubicación de las Partidas Originalmente contratadas
- o Cubicación de Partidas que sufren Aumento de Cantidades
- o Cubicación por escalamiento de precios
- o Cubicación de Nuevas Partidas Adicionales

8.10.- Estructura y Contenido de los Informes de la Supervisión:

Los informes de Supervisión deben ser lo más detallado posible, ya que los mismos constituyen una herramienta muy útil desde todos los puntos de vista (técnico, económico, legal, etc.).

Sugerimos el siguiente contenido para todos los informes, ya sean estos Informes de Inicio, o Informes de Progreso de Obra o incluso el Informe Final de la Obra.:

I.- Introducción

    a. *Generalidades*
    b. *Antecedentes*
    c. *Descripción del Proyecto*
        c.1 Propietario
        c.2 Contratistas
        c.3 Supervisores

II.- Resumen Ejecutivo

    a. *Datos Contractuales*
        a.1 De las Instituciones Financieras
        a.2 De la Contratación de la Obra
        a.3 De la Supervisión
    b. *Conclusiones*
        b.1 Progreso o Avance
        b.2 Calidad
        b.3 Actividades Críticas
        b.4 Problemas relevantes

8.11.- El Costo de Supervisión:

La determinación del valor de los Honorarios Profesionales de la supervisión es en algunos casos difícil, pero cada día los Propietarios se encuentran más concientizados de que para obtener la calidad se debe tener una supervisión adecuada que hay que pagarla.

Existen varias formas de pagar las supervisiones, entre las que se destacan:

- o   Porcentaje del Valor de la obra
- o   Costo Fijo
- o   Costo por tiempo o Servicios prestados

CAPITULO 9: Los Controles

9.1 Introducción:

En toda obra de ingeniería existen siempre problemas financieros, algunos de ellos derivados de la falta de controles, aunque otras veces es debido a que las obras rebasan las capacidades financieras de las empresas constructoras.

Es por ello que recomendamos que las empresas con modestos recursos de capitales deben de tener cuidado de contratar obras cuyo periodo de pago sea largo.

En ese mismo orden de ideas es pertinente hacer notar que los clientes de la industria de la construcción han confundido a ésta con empresas financieras, circunstancia que ha llevado a muchas empresas a una gran falta de liquidez lo que en algunos casos ha derivado incluso en llevar empresas constructoras a la quiebra.

Una empresa sin controles de costos está destinada al fracaso, en consecuencia tendremos que planearla, tendremos que decidir hasta dónde llevaremos los controles, ya que no podemos excedernos tampoco, ya que los controles al igual que las partidas de una construcción conllevan la utilización de recursos.

9.2.- Generalidades:

Consideramos el control en la Empresa Constructora como el "Establecimiento de sistemas que permitan detectar errores, desviaciones, causas y soluciones, de una forma expedita y económica".

Luego de planear la empresa, tendremos una base para ejecutar los trabajos. El control comprende las actividades que realiza el administrador para asegurar que el trabajo ejecutado, encaje con lo que ha sido planificado.

Es bueno destacar que el control es un costo en sí mismo, que no es productivo en términos de unidades finales, por lo tanto el control más efectivo será aquel que cueste menos recursos (tiempo, dinero, esfuerzo) pero que rinda sus frutos de una forma eficiente.

Es importante que los controles proporcionen una visibilidad adecuada en forma periódica. Por adecuada entendemos la mínima cantidad de datos para informarnos de la situación actual, de los factores que se estén midiendo, para posteriormente poder tomar acciones correctivas.

Los elementos a controlar son los siguientes generalmente:

- Recursos.
- Tiempo (es otro recurso).
- Calidad.
- Cantidad.

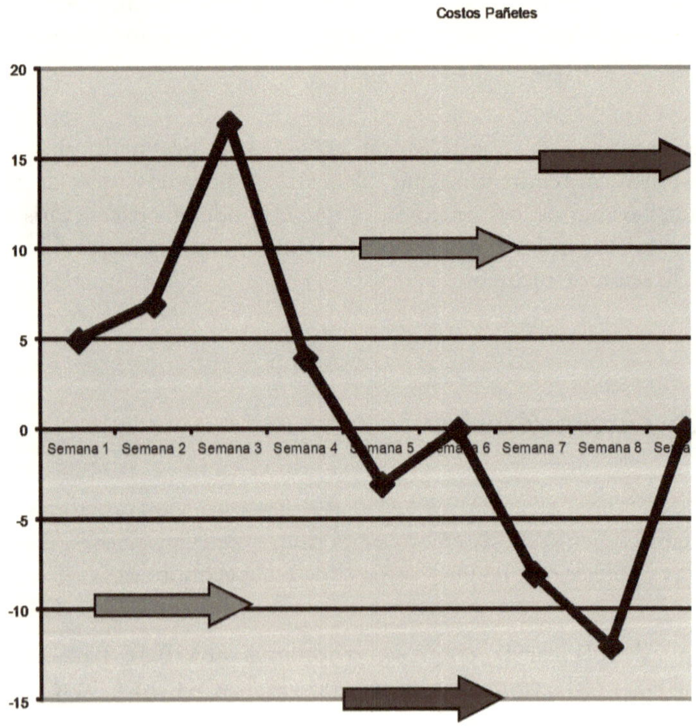

Figura 9.1 Control de Recursos

El control por excepción es muy apropiado para nuestra industria. Este control presupone una adecuada planeación y una organización en dónde los mandos medios resuelven las situaciones repetitivas normales, liberando al directivo de esos pequeños detalles y reservándolo para decisiones que requieran toda su capacidad y creatividad.

A nivel conceptual el control por excepción se puede representar gráficamente en una escala horizontal de tiempos a intervalos constantes y una vertical con unidades de producción, pesos, volúmenes, áreas, etc., con límites verticales según su amplitud de variación en donde existirán una zona normal, otra de cuidado y una de emergencia.

9.2.1 Selección de Áreas:

Es aceptable que todas las tareas que realiza una empresa son importantes, pero debemos identificar la menor cantidad de ellas que definan mejor los resultados de la empresa. Es por ello que todos los autores sugieren primero una agrupación de conceptos para luego realizar una posterior discriminación de las áreas que definan mejor las operaciones de la constructora.

9.2.2 Las Estadísticas:

La medición estadística es sumamente importante en esta forma de controlar y se deben tener valores paramétricos de actuaciones pasadas o provenientes de otras empresas, para poder definir el rango de normalidad de los resultados.

9.2.3 Proyección de los Parámetros:

Los valores que se obtengan de las mediciones estadísticas deben proyectarse a las condiciones futuras en que espera desarrollarse la empresa.

En esta etapa es preciso que podamos imaginarnos el entorno de circunstancias que enmarcarían la actividad a controlar y poder así fijar en forma adecuada los rangos de perturbaciones de cuidado y emergencias a través de las siguientes preguntas:

- Qué variaciones específicas identificará esta medida de control?
- Qué variaciones significativas no pueden ser identificadas?
- Cuanto tiempo se requiere para tomar los correctivos de lugar?
- Cuanto tiempo y esfuerzo se requerirán para aplicar estos controles?
- Cuál es el peligro de sobre controlar la actividad?
- Cómo se puede minimizar el sobre control?
- Justifica el uso de los recursos, el valor de lo obtenido en el control?
- Existe otro medio de control menos costoso?

9.2.4 El Seguimiento y la Evaluación:

Es penoso decirlo, pero tenemos que hacerlo y es que los ejecutivos en muchas ocasiones somos inconsistentes en nuestras actuaciones, planeamos excelentes programas que luego difícilmente continuamos y pocas veces terminamos.

El control Por Excepción, no significa que excepcionalmente se realicen actividades de control, sino que por el contrario significa que se hacen mediciones constantes de efectos que fundamente una excepcional investigación de causas, donde la oportunidad se antepone a la exactitud.

Es decir que debemos tener la información adecuada en el tiempo preciso. Debemos saber cuánto estamos ganando o perdiendo en una partida determinada en el momento en que la estemos realizando y no cuando la obra se encuentre terminada y ya no podamos hacer nada por remediar la situación.

Es por ello que continuamente debemos de evaluar, es decir comparar el estándar o meta con el resultado o evidencia obtenida, tratando de identificar las causas reales de las variaciones.

9.2.5 Toma de Acciones Correctivas:

La toma de acciones correctivas es la forma de encauzar las circunstancias hacia los objetivos. No es más que una acción administrativa y una parte normal del administrador de la empresa constructora.

Existen tres clases de acciones correctivas

9.2.5.1 Acción auto correctiva: Existen algunas tolerancias aceptables en la ejecución, dentro de las cuales las desviaciones tienden a balancearse en un periodo de tiempo

9.2.5.2 Acción Operativa: Se hace evidente en este caso la necesidad de una acción correctiva, la reacción inmediata es pertinente en este caso

9.2.5.3 Acción Administrativa: Aquí se requiere que el administrador revise el proceso administrativo que podría ser la causa directa de la desviación.

La toma de acciones correctivas es la última actividad del proceso de la administración efectiva. Es el medio por el cual ajustamos nuestra ejecución organizacional para asegurar la consecución satisfactoria de nuestros objetivos.

Cuando sea posible, debe ser utilizada como una experiencia positiva de aprendizaje por parte de los involucrados y ofrecer la oportunidad de autocorrección, cuando sea práctica.

9.3 Control por Objetivos:

El control por objetivos es una filosofía para quien sabe claramente hacia dónde se dirige y lo que realmente desea. El control debe ser el reflejo de la organización que controla e irse adecuando a las circunstancias variables que atraviesan las empresas.

Los controles proyectados para cualquier organización, son defectuosos, si no son constantes y si no son flexibles.

El método que consideramos para lograrlo es a través de la fijación y revisión de objetivos que sean: Específicos, Alcanzables, Medibles y Diseñados de común acuerdo, por que deben de realizarse los pasos siguientes:

9.3.1 Fijación de Objetivos:

La administración por objetivos la podemos definir como: "Un proceso por medio del cual el ejecutivo y el empleado dentro de una organización identifican sus metas comunes, definen cuál es el área más importante de responsabilidad y cómo un solo hombre, obtienen los resultados"

La administración moderna no es más que el continuo mejoramiento del personal de la empresa y el control a su vez es la cuantificación de ese mejoramiento

El Control por Objetivos es un instrumento que será tan eficiente como lo sea la persona que lo implemente.

Para iniciar su aplicación debemos considerar:
a) Qué hará el subordinado?
b) En qué periodo de tiempo?
c) Cómo se evaluará el desempeño?

9.3.2 Características de los Objetivos:
a) *Objetivos específicos:* Para que la Administración por Objetivos dé resultados, es necesario que en la empresa existan comunicaciones óptimas.

De esta forma los ejecutivos deberán mirar a las personas desde su punto de vista positivo y así encontraremos sus características más fuertes y dónde realmente pueden ser más eficientes. La cooperación y el entusiasmo son elementos fundamentales.

b) *Objetivos alcanzables*: Los objetivos deben ser alcanzables; sí de antemano sabemos que lo que deseamos es imposible, entonces provocaremos una frustración al empleado, que podría formarse un falso juicio de su eficiencia.

c) *Objetivos Medibles*: Siempre deben de buscarse parámetros que sean medibles, fijar límites tangibles.

d) *Objetivos de común acuerdo*: A nuestro juicio, es muy importante que la persona que recibe un encargo esté plenamente convencida de ello, que no tenga ninguna reticencia al respecto, que nos responda con los compromisos que ha hecho, consciente de la meta, que la misma es específica y alcanzable y que desde luego va a ser evaluada posteriormente.

9.3.3 La Revisión de Objetivos:

La revisión de los objetivos debe ser periódica y debemos encontrar el tiempo para llevarla a cabo. En muchos casos a los gerentes no les gusta realizar la revisión de los objetivos, pero es una necesidad imperiosa, no importando quién tenga la culpa, sino de corregir los mismos.

Durante la revisión de los objetivos es necesario tomar en cuenta que la misma debe ser una evaluación positiva, a través de los resultados obtenidos. En muchos casos la evaluación negativa es necesaria y es cuando debemos de buscar causas y no disculpas, debe investigarse si los objetivos fueron claramente definidos y por último debemos de fijar nuevos objetivos a partir de la evaluación.

9.3.4 Parámetros para la construcción:

El componente de una construcción es sumamente numeroso. El control total de todos los componentes de una construcción sería a todas luces incosteable.

A continuación mencionamos algunos de los factores medibles utilizados en la Industria de la Construcción:

- Costo directo de la Obra.
- Costos indirectos.
- Rendimientos de Mano de Obra, Materiales y Equipos.
- M2 Construidos.
- M3 de Hormigón colocados.
- Cantidad de Horas Extras pagadas.
- Rendimiento de combustible en equipos.

9.4 Otros Controles:

a) Control Contable: El control contable en las empresas constructoras tiene como objetivo principal la "información oportuna de los movimientos económicos de la empresa"

b) Control del Tiempo: El control unilateral del costo, es prácticamente imposible en la industria de la construcción, el tiempo es definitivo para incrementar o disminuir el costo de un proceso productivo.
Es por ello que debemos de realizar una programación de la obra. Existen muchos métodos tales como el Diagrama de Gantt, el Sistema PERT, el sistema CPM, así como programas específicos de computadoras como Microsoft Project, todos tratados en el capítulo anterior

Es muy importante además el revisar de forma periódica el avance de la obra, según lo programado.

c) Control de Calidad: Este debe ser preventivo, ya que la demolición es el más costoso sistema de control en las edificaciones. Generalmente, la demolición es consecuencia de una mala calidad de mano de obra o de manejo de materiales.

9.5 El Control de Los Materiales:

Los Controles en los Materiales de Construcción Consisten en: Conocer de forma más precisa el comportamiento y características de los materiales empleados.

Garantizar estándares mínimos de calidad en los materiales para evitar desperdicios y evitar atrasos.

Los Controles en los Materiales de Construcción se llevan a cabo:

a) En el Proceso de Fabricación.

b) En el lugar de Construcción y

c) En La Calidad del material.

9.6 Ensayos practicados en los Materiales de Construcción:

Se clasifican en:

- Ensayos Destructivos
- Ensayos No Destructivos

9.6.1 Ensayos No Destructivos

Son pruebas practicadas a un material que no alteran de forma permanente sus propiedades físicas, químicas, mecánicas o dimensionales.

Los ensayos no destructivos implican un daño imperceptible o nulo. Los métodos de ensayos no destructivos se aplican principalmente:

- Defectología

- Caracterización Metrología

Entre los más comunes se encuentran: el estudio de ultrasonido.

9.6.2 Ensayos Destructivos:

Son pruebas que se realizan a materiales, que se caracterizan porque deforman el material. Para ello suele usarse una probeta construida con el material que se desea ensayar y que servirá para una sola aplicación.

Un ejemplo de esto son las roturas de Probetas de Concreto

Entre los más comunes se encuentran:

Ensayo de Fatiga

Ensayo de Tracción

Ensayo de Torsión

Ensayo de Compresión

Ensayo de Flexión

Ensayo de Cizallamiento, entre muchos otros

Recepción de los Materiales de Construcción

Los materiales que son utilizados en una obra y que sean fabricados comercialmente deben estar respaldados por certificados del productor en el que se indique el cumplimiento de los requisitos de calidad que se establecen es estas especificaciones.

Al recibir los materiales en la obra se les realizan las pruebas necesarias en función de su responsabilidad.

9.7 Los Controles durante la Obra:

En la industria de la construcción, se deben de diseñar todos los controles para que trabajen de forma coordinada, de forma que se constituyan en herramientas eficientes y oportunas para que el director del proyecto o administrador de la construcción pueda tomar las decisiones apropiadas en el momento correcto.

El principal control desde el punto de vista administrativo lo es el Control Presupuestal, el cual puede ser tan complejo como los requieran las condiciones particulares de un proyecto específico.

El control Presupuestal se puede hacer desde diferentes puntos de vista:

1) Control a partir del total de los capítulos.
2) Control de las Actividades.
3) Control de Insumos.
4) Otras posibilidades.
    4.1) Una unidad de contratación o sub contratación
    4.2) Un piso de un Edificio
    4.3) Una etapa de la obra, etc.

9.7.1 Control Presupuestal a partir del Total de los Capítulos:

Es la forma más sencilla de controlar un presupuesto, aunque también es el menos eficiente de todos.

Se apoya sobre las siguientes premisas:

a) Que el presupuesto esté bien elaborado.
b) Amplios conocimientos sobre alzas, costos, ahorros.
c) Evaluación correcta de adicionales.

<u>Ventajas</u>:

    1) Simplicidad del proceso de revisión.

    2) Economía al realizar el control.

<u>Desventajas</u>:

    1) Poca confiabilidad.

    2) No detecta la cuantía de costos individualmente.

    3) No se pueden detectar las causas de los sobre costos.

    4) No se detectan fugas de materiales y/o consumos mayores.

9.7.2 Control Presupuestal a partir de las Actividades

Esta es posiblemente la mejor herramienta que tiene el administrador de la construcción para saber el valor correcto de cada actividad o partida del presupuesto de construcción.

Se realiza un Análisis de Precio unitario real para cada una de las partidas y sub partidas, a partir de los consumos reales de material y rendimientos reales de la Obra de Mano.

Esto implica una entrega detallada de materiales para cada partida de la obra, produciendo lo que en obra se conoce como recibo de almacén. En este recibo se debe de especificar el destino final exacto de cada material que sale del almacén. Es importante que las personas encargadas de darle seguimiento al uso de los materiales tengan el cuidado de asentar las cantidades a las partidas específicas.

Recibo de Almacén						
Obra:						
Item:		Nombre:				
Fecha	Material	Unidad	Cantidad	Sector	PU	Valor Total

Figura 9.2 Recibo tipo de Almacén

Puede darse el caso, de que un mismo material tenga precios diferentes por haber sido comprados en diferentes partidas.

Sí esto ocurre, debe tomarse en cuenta al realizar los controles presupuestales correspondientes y ser traspasados los valores al departamento o persona que se encargue de las estadísticas de la empresa.

Existen en una obra de construcción una serie de insumos que no salen de almacén y no pueden ser controlados de esta forma, tales como los materiales granulares, bloques, ladrillos, etc.

En estos casos específicos, entonces, debemos controlarlos siguiendo la proporción teórica del análisis de costo unitario y compararlos finalmente con la cantidad total de materiales granulares comprados.

En cuanto al registro de la Obra de Mano, es parte importante de las estadísticas de consumo y la misma varía de acuerdo a la forma de contratación, que puede ser:

a) Por Ajuste o cantidad de obra ejecutada. Esta es la mejor forma para contralar, aunque no siempre es posible hacerlo

b) Por sueldo, en cuyo caso deben controlarse los rendimientos individuales para cada tipo de obra.

Debemos de tener en cuenta también los sub contratos, que deben ser manejados de forma diferente, en donde usualmente se entrega un anticipo o avance inicial, el cual debe ser debidamente amortizado y se debe también realizar retenciones para la buena ejecución de la obra.

9.7.2.1 Hoja de Cálculo para el Control Presupuestal:

Para el correcto control del presupuesto, es muy conveniente realizar o establecer un formato para el mismo. Con la utilización de una hoja de cálculo, podemos lograr esto.

En nuestra constructora, estamos realizando el control presupuestal con una hoja de cálculo como se muestra en el cuadro 9.3.

El cuadro 10.3 que aparece en la página 221, nos sirve para obtener el resultado del control presupuestal. Cada empresa constructora o administrador de la construcción, podrá personalizar la misma a su conveniencia, pero nosotros hacemos lo siguiente con excelentes resultados:

Las primeras cinco columnas corresponden al presupuesto original de la obra que se pretende controlar. Esta es la base que nos sirve de control presupuestario de la obra

Las siguientes tres (3) columnas corresponden a la obra ejecutada

Este es tan sólo un ejemplo y se pueden seguir agregando columnas a la hoja de cálculo para mostrar más información, tales como:

a) Una columna para el avance de obra (usualmente en porcentaje)

b) Columna para modificar cantidades faltantes y que se puedan mostrar proyecciones y estimados. Esta parte es sumamente útil cuando tenemos variaciones en los costos y podemos entonces realizar estas estimaciones y proyecciones con los precios reales.

c) Como consecuencia de la anterior, podemos añadir una columna que permita realizar ajustes en dinero

d) Debemos destacar que aunque es muy fácil de entender es difícil de aplicar en la obra y nos lleva un tiempo precioso el poder mantener la misma, pero les puedo asegurar que los resultados que se obtienen, realmente vale la pena la utilización del recurso tiempo en esta excelente herramienta de trabajo.

e) Muchas veces se hace para las partidas más importantes del presupuesto, es decir que no siempre podemos hacerla para todas las partidas ya que resulta muy tedioso, aunque sería lo ideal, sí podemos hacerlo para el presupuesto completo.

Nota: *Ver gráfica 9.3 en la siguiente página*

Control de Presupuesto

Obra:
Fecha:

Num.	Partida	Ud	Presupuesto Original			Obra ejecutada			Saldo del Presupuesto	Estimado Terminac.	TOTAL
			Cantidad	P.U.	Valor	Cantidad	P.U.	Valor			

Figura 9.3 Formato Control Presupuestal

Ventajas:

1. Se obtiene información completa con el precio real de cada partida del presupuesto.
2. Facilidad de obtención de los estimados a valor futuro, ya sea parcial o totalmente.
3. Detección de consumos anormales de material.
4. Facilidad en proyectar el valor final del proyecto.
5. Facilidad de estimación del precio de venta al público final.

Desventajas:

1. Necesidad de personal debidamente entrenado para poder darle seguimiento.
2. Se deben de escoger las partidas a controlar, ya que no todas se les puede dar seguimiento por su complejidad en la obra.
3. Se pueden dar robos y desperdicios de materiales sin poder detectarlos ya que algunas actividades no se controlan.

9.7.3 Control a partir de los Insumos:

A diferencia del sistema anterior que controla las actividades o partidas, aquí se controlan sólo los insumos de forma unitaria. Esto se hace comparando las cantidades compradas realmente con las cantidades estimadas a la hora de hacer el presupuesto.

Este método requiere un presupuesto original que esté bien elaborado, con todos sus análisis unitarios que nos brinde la información deseada sobre los componentes de cada partida.

9.8 El Control Presupuestal dentro de la Programación de la Obra:

La mayor parte de las veces nos encontramos que la gran mayoría de constructores escogen el manejo del control de los costos de cada actividad o partida, a partir del presupuesto original del proyecto, o en su defecto a partir del flujo de caja estimado del mismo.

Se pueden controlar los recursos de dinero a través de los registros contables, a esto se le llama, Control contable del presupuesto.

De la misma forma, se puede hacer un control desde la mano de obra, ya que muchas veces es necesario hacer la optimización de este recurso.

Aunque se puede controlar los diferentes recursos de una obra separadamente, es obligatorio coordinar todos los controles

CAPITULO 10: Las Reclamaciones

10.1 Introducción:

En toda obra de ingeniería existen siempre reclamos que son traducidos al orden económico siempre.

Para evitar en lo posible el nivel de reclamos es imperante que el constructor planifique detalladamente, dentro de lo posible, su obra, ya que los problemas de reclamaciones pueden llegar en cualquier punto del proceso constructivo.

La práctica de la ley debe dejarse a los abogados, pero al mismo tiempo "Contratista" implica que laboramos con contratos (papeles legales), y necesitamos estar familiarizados con las implicaciones y responsabilidades que conllevan la administración de estos documentos.

Existen muchas condiciones que ocasionan una reclamación, tales como: Interpretación de las especificaciones, impedimentos para la realización del trabajo o de partidas específicas de la obra, demoras, aceleraciones, órdenes de cambio, etc.

10.2.- Las Especificaciones. Su Interpretación:

Una de las causas más comunes en la mayoría de las reclamaciones es que el trabajo es diferente a las especificaciones.

Por ello es importante que el contrato debe leerse como un todo y en el caso de una especificación ambigua, deben las partes ayudarse de otras fuentes, pero preferiblemente dentro de los documentos contractuales.

Sí una especificación defectuosa o ambigua origina una reclamación, el contratista puede reclamar ajustes equitativos por los costos incurridos desde la presentación de la demanda.

Las principales razones que nos llevan a reclamos y disputas son las siguientes:

- Planes y especificaciones que contengan errores, omisiones o ambigüedades o que carezcan del grado adecuado de coordinación.

- Respuestas a preguntas incompletas o inexactas presentadas de una parte a la otra parte del contrato.

- Inadecuada administración de responsabilidades de todos los actores que intervienen en el proyecto de construcción (Propietarios, Arquitectos, Ingenieros, Contratistas, Sub contratistas, vendedores, Administradores de la construcción, etc.).

- Falta de habilidad del contratista para cumplir con los estándares contratados al hacer el trabajo.

- Condiciones del lugar de la obra.

- Cambios de órdenes del trabajo.

- Rompimiento de las condiciones del contrato por cualquiera de las partes.

- Retrasos o aceleraciones que cambian la programación de la obra.

- Fuerza inadecuada financieramente hablando por parte de cualquiera de los actores del proyecto.

10.3 Situaciones que dan lugar a Reclamaciones:

Las reclamaciones o demandas surgen por un sinnúmero de causas, incluyendo una ocupación conjunta, falla por el propietario del cumplimento de requerimientos locales, condiciones de diferente lugar, retención de información vital y condiciones no previstas.

Otras causas adicionales incluyen la suspensión del trabajo por parte del propietario o la falla del propietario en cumplir con sus obligaciones contractuales y demandar un trabajo de calidad más allá de las especificaciones. De igual forma pueden surgir reclamaciones de acuerdo al cambio del método constructivo y también cuando existan interferencias que ocasionen pérdidas de productividad.

En grandes obras en donde intervienen varios contratistas, ocurren una gran cantidad de reclamaciones por interferencias entre los mismos.

Una causa interesante en nuestro país, lo constituyen los permisos de construcción, que es responsabilidad del propietario y puede dar lugar a futuras reclamaciones.

Otra causa frecuente de reclamaciones son las condiciones del lugar. Pueden ser superficiales u originadas por el hombre. Las condiciones superficiales implican configuraciones geológicas, niveles de agua o encuentro de suelos inesperados entre otros.

Sí al contratista se le retiene información que puede ser vital, tales como ensayos de suelos y se puede demostrar que tal información hubiese afectado su oferta económica, el contratista tiene derecho a un ajuste equitativo.

Cuando un contratista tiene que confiar en la información sobre el lugar proporcionada por el propietario y la realidad es otra, tiene una base sólida para las reclamaciones.

Las fuerzas de la naturaleza constituyen otra causa común para el origen de reclamaciones.

Cuando el contratista por cualquier razón suspenda temporalmente la obra, el contratista puede iniciar una reclamación, ya que sus costos fijos aumentarán durante este periodo.

Algo que en nuestro país no se lleva a cabo muy bien, lo constituye el flujo de caja del contratista que es en extremo importante para el desarrollo de la obra y la programación de la misma. Cualquier falla por parte del propietario de realizar los pagos de cubicaciones tal como se encuentren programados contractualmente podría implicar que el contratista tenga que asumir financiamientos adicionales lo que le daría una razonable demanda para reclamaciones.

El hecho de que existan reclamos que podamos realizar como contratistas, no significa que debamos abusar de este derecho, ya que podría inevitablemente deteriorarse la relación entre el propietario y el contratista.

Existen propietarios "celosos" que requieren tolerancias más estrechas que las necesarias o que desean realizar inspecciones excesivas e inoportunas, atrasando innecesariamente la obra, ocasionando pérdidas al contratista que deben ser satisfechas. Es muy común que algunos propietarios interfieran con el trabajo del contratista, tomando decisiones equivocadas en muchos casos.

10.4.- Demoras y Aceleraciones:

Existen una serie de reclamaciones que se relacionan con el cambio en el ritmo del trabajo, lo causa lo que en ingeniería llamamos Demoras y Aceleraciones

Las demoras experimentadas por los contratistas son de dos tipos: Las excusables y las no excusables. Las demoras no excusables son aquellas que se encuentran bajo el control del contratista. Son causadas por una mala estimación de los rendimientos, programación inadecuada o bajo control administrativo, errores en el proceso constructivo, equipos dañados, etc.

Estas demoras son falla del contratista y pueden ocasionar pérdidas considerables para el mismo.

Las demoras excusables son aquellas que se encuentran más allá del control del contratista y le dan derecho a ampliaciones en el tiempo de ejecución del contrato. Las causas de este tipo de demoras incluyen: huelgas, condiciones meteorológicas malas, órdenes de cambio, suspensiones indicadas por el propietario, desastres naturales, guerras, incendios, epidemias, etc.

Existen dos tipos de ampliaciones: Las compensables y las no compensables. Una ampliación del tiempo no compensable se presenta cuando el retardo o la demora se encuentran más allá del control tanto del contratista como del propietario. Esto significa que no se le cargan al contratista los daños producidos por este tipo de demora.

Los retardos compensables por el contrario, se deben a un acto o la omisión de un acto por parte del propietario y el mismo debe cargar entonces con la responsabilidad de los mismos.

Es importante que el propietario no interfiera con el programa de trabajo del contratista, solicitando cambios de ritmo en diferentes aspectos de la obra. Cuando se rompe el ritmo, hay un efecto adverso directo sobre la productividad, lo que ocasionará una reclamación.

10.5 Las Aceleraciones:

Existen tres tipos de aceleraciones que son:

1. El contratista acelera voluntariamente.
2. El contratista acelera por una solicitud del propietario.
3. El contratista acelera constructivamente.

El primer tipo de aceleración no conduce a reclamaciones, ya que el contratista cambio de manera voluntaria la velocidad del trabajo y los costos extras en los que incurriera son de su propia responsabilidad.

El segundo tipo de aceleramiento si puede conducir a reclamaciones por parte del contratista debido a que se modifico la velocidad del trabajo como resultado directo de la interferencia del propietario.

En el tercer tipo de aceleración, la aceleración constructiva, es donde pueden surgir los grandes problemas. Este es un caso en donde la ampliación del tiempo es solicitada por el contratista y rehusada por el propietario.

El contratista en consecuencia está obligado a notificar al propietario de considerar una orden de aceleración y debe de estar consciente de los costos extras involucrados.

El contratista debe tener la documentación que justifique que no aceleró voluntariamente.

El tipo de costos más común en las reclamaciones por aceleración son:

a) Eficiencia reducida por apiñamiento.
b) Interrupción en el programa que no eficientiza los recursos.
c) Costos aumentados por el factor tiempo.
d) Movilización y desmovilización de equipos.

10.6.-Otras Reclamaciones:

Además de las reclamaciones por parte del contratista, el propietario también puede realizar reclamaciones por daños en contra del contratista. Usualmente estas reclamaciones se encuentran especificadas en el contrato y se refieren a compensaciones por tiempo.

El propietario puede reclamar daños por demoras en caso de que las mismas no sean excusables. De ahí la importancia de la bitácora de la obra que servirá para estos fines.

Para que las reclamaciones se encuentren justificadas, el propietario deberá recordar regularmente al contratista su capacidad para pagar daños cuando su trabajo se retrase con respecto al programa.

Pueden existir además reclamaciones realizadas por terceras personas. Es por ello que hoy en día están en boga el uso de seguros y fianzas contra todo riesgo para cubrirnos de este tipo de demandas.

10.7.-Suspensión o detención del trabajo:

Cuando surgen reclamaciones, se interrumpe el flujo normal del trabajo y se deteriora en algunos casos, la relación contratista – propietario. En estas circunstancias tanto el propietario como el contratista podría pensar en obstaculizar el normal desarrollo de la obra, pero es pertinente aclarar que este tipo de acción va directamente en contra del espíritu del contrato.

Cuando ocurran este tipo de situaciones, el contratista debe actuar inteligentemente cumpliendo a cabalidad con su programación, ya que las reclamaciones deben seguir su curso contractual y tomar riesgos innecesarios que afectarán económicamente sus beneficios.

10.8 Las Órdenes de Cambio:

Cuando el propietario y el contratista convienen en que un cierto trabajo constituye un cambio en relación con el contrato original, el propietario emite una orden de cambio y se debe pagar al contratista los costos adicionales que generen esta orden de cambio.

Es muy importante que el propietario entienda que las órdenes de cambio deben mantenerse al mínimo, ya que cuando existen muchas, esto puede llevar a que se produzca un efecto de "ola" que traiga consigo una gran reclamación por el impacto de muchos cambios en la obra.

Existen también los trabajos extras, ya que el propietario puede pedir que se realicen trabajos fuera del alcance del contrato.

10.9.- La Documentación:

Para presentar una reclamación efectiva, el contratista debe suministrar un respaldo adecuado dentro de la documentación que presente. Cuando el contratista sufre una demora, el principio legal es que deben mitigarse los daños sufridos. Para referencia siempre deben tenerse registros completos y detallados.

Los registros de la mano de obra, equipos, las nóminas, correspondencias, fotografía, videos, recibos de materiales, órdenes de compra, facturas, pronósticos de flujo de efectivo, la programación de la obra y los informes de costos, desempeñan un papel extraordinario para el arreglo exitoso de las reclamaciones.

Cuando se hacen reclamaciones preparadas cuidadosamente que comprendan cifras y hechos, el contratista respaldará su posición y podrá mostrar a su cliente (el propietario de la obra) que sus reclamaciones son justas.

Los eventos diarios y los detalles del proyecto deben registrarse religiosamente en la bitácora de la obra.

Uno de los elementos más utilizados actualmente es el uso del las fotografías y los videos, con su fecha y hora. Los recibos y las facturas se requieren para verificar el incremento de costos.

Para documentar una reclamación con el fin de llegar a un convenio exitoso, debe hacerse un análisis completo de la productividad, gastos generales y costos de equipos, todo ello con el objetivo de llegar a un acuerdo equitativo.

CAPITULO 11: La Seguridad

11.1 La Seguridad en la Industria de la Construcción. Introducción:

La seguridad en las construcciones se debe tomar en muchos aspectos y partidas de las obras y proyectos. Es importante distinguir entonces que la prevención de accidentes y riesgos se debe de implementar en:

1. Circulación de la obra.
2. Mantenimiento de la Limpieza y el orden.
3. Protección Personal.
4. Excavaciones.
5. Caídas de Altura.
6. Caídas de objetos.
7. Área Eléctrica.
8. Medios auxiliares.
9. Maquinaria Liviana.
10. Maquinaria Pesada.
11. Manipulación de cargas.
12. Herramientas.
13. Señalización.

11.2 La Circulación en la Obra o el Proyecto:

Dentro de los profesionales en la prevención de accidentes de trabajo en una obra de construcción, existe una máxima que reza

"Planifica la Circulación, Nunca la Improvises"

Siempre se debe de acceder a la obra por la entrada especial para el personal y no por la de vehículos.

Se debe de cumplir con la señalización establecida.

Para salvar vanos debemos de utilizar pasarelas adecuadas que cumplan con lo siguiente:

- Asegurarse de que existan barandillas cuando estén a más de dos metros de altura.
- Las barandillas deberán estar ancladas en los extremos.
- El ancho mínimo de las barandillas es de 60 cm.
- En cuanto a las rampas se refiere, las superficies deben ser antideslizantes utilizando travesaños u otros medios similares.

11.3 Orden y Limpieza:

Una de las cosas más importantes de las obras lo es el orden y la limpieza. Esto nos da un aspecto de organización que es sumamente positivo para la imagen pública de la empresa constructora.

Una obra ordenada y limpia contribuye directamente con la seguridad del proyecto.

Es entonces menester de la empresa constructora colaborar todo lo que sea necesario para el mantenimiento del orden y la limpieza dentro del área de trabajo:

- Se deben de acoplar Acopiar o almacenar los materiales de forma correcta para evitar accidentes lamentables.
- Es necesario recoger siempre de inmediato la madera del desencofrado. Elimina las puntas de los clavos o remachando las mismas.
- Es necesario el Bote inmediato de los Escombros. No se deben de acumular los mismos.
- Nunca deben de obstruirse las vías de circulación.
- No obstruyas las vías de circulación.

11.4 La Protección Personal:

Dentro de cualquier obra de construcción la protección del personal como individuos, constituye una prioridad insoslayable. Es necesario el instruir al personal de la obra sobre el uso de protección personal, y debe explicársele con claridad meridiana que estos recursos pueden significar la diferencia entre la vida y la muerte.

Para mantener una protección adecuada, el personal debe siempre de utilizar el equipo de seguridad que la empresa pone a su disposición.

Es necesario que todos los obreros participen de forma proactiva en la seguridad, así que sí alguno observara cualquier deficiencia en este orden, debe ponerlo enseguida en conocimiento de su superior.

Se debe de mantener el equipo de seguridad en perfecto estado, y cuando esté deteriorado debe ser cambiado por otro.

Se debe de usar el casco en todo momento para evitar riesgo de lesiones en la cabeza.

En los trabajos que lo requieran (soldaduras, demoliciones, etc.) se deben de utilizar siempre gafas de seguridad.

Es sumamente conveniente igualmente dentro de toda obra de construcción el uso de calzado de seguridad.

Cuando se trabaje en alturas se debe utilizar siempre el cinturón de seguridad (arnés) más apropiado.

Existen ciertos trabajos en que es necesario igualmente el uso de protectores para las vías respiratorias y oídos.

Figura 11.1 Chaleco reflectivo

11.5 Excavaciones

Cuando se trabajan en excavaciones es necesario asegurarse de la excavación se encuentre entibada o protegida por cualquier otro medio. Cualquier excavación constituye un riesgo en potencia.

No se debe de acumular tierra o materiales de la misma excavación junto al borde ésta ya que se podrían producir derrumbes que origines accidentes.

Se deben de utilizar escaleras adecuadas para entrar o salir de las excavaciones.

Cuando la profundidad de la excavación supere los dos metros, se deben de colocar barandillas de protección.

Nunca se debe de de introducir en pozos sin haber antes comprobado la inexistencia de riesgos por asfixia.

11.6 Caídas de Altura:

En cuanto a la prevención de caídas de altura es menester asegurarse de que los bordes de los forjados están protegidos con barandillas, redes o similares.

Es necesario proteger siempre los huecos y las escaleras.

Debemos recordar que las barandillas deben tener 90 cm. de alto y estar provistas de listón intermedio y rodapié.

No se deben de retirar las protecciones si no estás autorizado.

Se debe de comprobar que las redes estén bien colocadas y que carecen de aberturas por donde puedan caer los trabajadores.

No se debe pisar sobre materiales frágiles susceptibles de originar caídas: placas de fibrocemento, bovedillas, falsos techos, etc.

11.7 Caída de Objetos:

La seguridad en una obra de construcción es responsabilidad de todos sus actores, por ello se debe de concienciar a todos los que participan en un proyecto u obra de construcción a que no lancen ningún tipo de objeto desde un piso superior.

Debemos procurar no situarnos debajo de cargas suspendidas. Igualmente es menester que los ganchos tengan siempre su pestillo de seguridad.

Se debe supervisar continuamente el estado de los cables, cuerdas, etc. No se debe de acopiar material en los bordes de los encofrados

11.8 Las Instalaciones Eléctricas:

Uno de los aspectos al que debemos dedicarle la máxima de las atenciones tiene que ver con las instalaciones eléctricas en una obra de construcción. La prevención de accidentes en este aspecto es de suma importancia en toda obra de construcción.

Toda instalación eléctrica debe considerarse bajo tensión mientras no se compruebe lo contrario con los medio adecuados.

No se debe realizar nunca reparaciones en instalaciones o equipos conectados. Deben asegurarse y desconectar la corriente.

Si se observa alguna anomalía en la instalación eléctrica, debe de comunicarse.

Debe llamarse al técnico electricista calificado y no tratar de arreglar lo que no se sabe.

Los cables gastados o pelados deben repararse inmediatamente.

Hay que utilizar conexiones macho-hembra adecuadas. No debe meterse jamás los hilos pelados en los enchufes.

Debemos de Prestar mucha atención a los calentamientos anormales en motores, cables, etc.

Es buena costumbre que la instalación esté protegida con toma de tierra u otros sistemas.

Guardar siempre las distancias de seguridad ante los posibles tendidos eléctricos.

11.9 Los Medios Auxiliares:

Es muy importante que observemos siempre la seguridad en los medios auxiliares que utilizamos en las obras de construcción.

11.9.1 Los Andamios:

Debemos cerciorarnos que los andamios tengan barandillas y rodapié para alturas superiores a los dos metros. No apoyar los montantes o caballetes en elementos frágiles.

Hay que asegurarse de que no existe una separación superior a los 30 cm. entre la plataforma y la fachada, si no hay barandillas por el lado de trabajo.

Los Andamios no deben ser sobrecargados excesivamente. Debemos cuidar que la plataforma tenga un ancho mínimo de 60 cm. No se deben suprimir crucetas. Estas deben colocarse a ambos lados

Cuando se utilicen andamios colgados, la andamiada no debe de superar los 8 metros de longitud.

Figura 11.2 Andamios

11.9.2 Las Escaleras de Mano:

Antes de utilizar una escalera de mano, debemos comprar que la misma se encuentre en perfecto estado.

Nunca se deben utilizar escaleras empalmadas una con otra, salvo que estén preparadas para ello.

Es de suma importancia que en el caso de que se deba situar una escalera en las proximidades de instalaciones eléctricas con tensión, tomar las precauciones de lugar.

La escalera debe estar siempre bien asegurada. Debemos de cerciorarnos que la misma no se pueda deslizar.

Al subir o bajar, hay que dar siempre la cara a la escalera.

Es importante asegurarnos que la escalera sobrepase en un metro la altura a salvar.

11.10 Maquinarias Ligeras:

Antes de utilizar cualquier tipo de maquinaria, el operador debe estar bien informado sobre su funcionamiento, tomando en cuenta siempre las instrucciones aportadas por el fabricante.

La adecuada operación de las maquinarias, constituyen un elemento importante de la seguridad de los operarios de las mismas.

No se debe nunca suprimir las protecciones que tenga la maquinaria.

No deben de cambiarse nunca los interruptores u otros elementos de la máquina, por otros que no sean los adecuados.

No deben dejarse las máquinas portátiles conectadas y abandonadas.

Antes de efectuar alguna operación de reparación o mantenimiento se debe desconectar la maquinaria.

11.11 Maquinaria Móvil:

Es muy importante el delimitar la zona de trabajo.

Se deben siempre guardar las distancias de seguridad.

Nunca transportar personal en las máquinas.

Se debe uno fijar bien antes de iniciar la marcha atrás o al ponerla en funcionamiento, advirtiendo siempre las maniobras.

Se debe tener un gran cuidado con los trabajos en pendientes o cerca de las excavaciones.

11.12 Manipulación Manual de Cargas:

Debe de instruirse siempre a los trabajadores a que manipulen las cargas tomando en cuenta todas las previsiones posibles.

Cuando se cargue algo, se debe apoyar los pies firmemente separándolos a una distancia de aproximadamente 50 cm. uno del otro. Se flexiona las rodillas y se mantiene la espalda recta.

Los obreros no deben sobrecargarse. Una carga excesiva origina lesiones

11.13 Herramientas Manuales:

Deben utilizarse las herramientas manuales sólo para sus fines específicos. Las mismas deben de inspeccionarse periódicamente.

Las herramientas defectuosas deben ser retiradas de uso..

Cuando no se estén usando, se deben colocar en lugares donde no puedan producir accidentes.

11.14 Señalización:

Las señales no eliminan los riesgos pero si informan sobre situaciones de la obra.

Debemos Conocerlas

Tenemos que Respetarlas

Figura 11.3 Señales de Seguridad

Temas de Investigación:

Seguros y Fianzas en la Construcción.
El Seguro Social.

CAPITULO 12: La Construcción Verde

12.1 Introducción

En la década de los 90's se empezó a hablar de sostenibilidad, la cual entró al léxico de las comunidades de arquitectura, ingeniería y construcciones.

En el libro "La Ecología del Comercio", su autor Paul Hawkins, nos muestra una precisa definición del término: "La Sostenibilidad es un estado económico en donde la demanda a través del medio ambiente por las personas y el comercio pueden encontrarse sin menoscabo del medio ambiente que dejaremos a las generaciones futuras"

La construcción verde se basa en diseños que son cada vez más sensitivos con la naturaleza y que preservan nuestros recursos naturales.

Cada vez más, nos encontramos acorde que las sostenibilidad y la construcción verde, constituyen una forma de pensamiento que gana terreno en los promotores de proyectos de construcción.

No podemos negar que la construcción en general, no sólo de viviendas y fábricas, sino también las construcciones pesadas, como canales, caminos, autopistas, etc., han tenido un gran impacto sobre nuestros recursos naturales y los ecosistemas en el pasado, pero que hoy, los efectos pueden ser mitigados y hasta revertidos con el uso adecuado de los mismos.

12.2 El Impacto Ambiental en la construcción

Las construcciones en sentido general, como apuntamos anteriormente han tenido un impacto dramático en la naturaleza.

Se calcula que en país en vías de desarrollo, se consume un 65% de toda la energía producida. Se produce en las edificaciones un 30% de todos los desperdicios de la comunidad, así como un 14% de toda el agua potable.

Es por ello que debemos tomar conciencia y preservar nuestros recursos naturales que no son ilimitados y debemos entonces pensar en la construcción verde y la sostenibilidad.

Como constructores, tenemos una gran meta que alcanzar, debemos reciclar el asfalta, el concreto, tratar de utilizar combustibles alternos que no sean de origen fósil, así como producir energía no convencional que provenga directamente de la naturaleza (Solar, eólica, etc.)

12.3 La Sostenibilidad

La sostenibilidad es la clave para mantener el crecimiento económico, manteniendo a su vez a largo plazo la salud del medio ambiente. Cuando se aplica el término a la construcción, la sostenibilidad significa la creación de diseños que cumplan con nuestras metas a corto plazo de un proyecto específico con las metas a largo plazo de sistemas operativos eficientes que protejan los recursos naturales y el medio ambiente.

Los Edificios Sostenibles representan un acercamiento holístico a las construcciones que combinan las ventajas de las modernas tecnologías con prácticas constructivas probadas que utilizan la naturaleza para aumentar la eficiencia de las edificaciones.

Se utilizan entonces, técnica para utilizar iluminación natural, materiales sintéticos en muros, la utilización de agua reciclada, el uso de productos de madera reciclada, constituyen alguno ejemplos de sostenibilidad en la edificación.

12.4 Diseño Edificio Completo

El diseño de Edificio Completo es un proceso que abarca de la estructura de la edificación, sus componentes internos, sistemas mecánicos y eléctricos, incluyendo incluso su localización y orientación vistos desde el punto de vista holístico.

Este concepto implica localización, energía, materiales, cualidad del aire interior, acústica, recursos naturales y la interrelación que debe existir entre todas.

Los Beneficios de diseño de Edificio Completo están directamente dirigidos a la consecución de las siguientes metas:

- Reducción de costos energéticos.

- Reducción de inversión inicial y de costos de mantenimiento.

- Reducción de impacto ambiental de la edificación del lugar y sus alrededores.

- Aumentar el confort, la salud y seguridad de los participantes.

- Aumentar la productividad de los empleados.

La Historia de la construcción de los "Edificios Verdes" es una prueba fehaciente de que todos estos requerimientos pueden converger y a un relativo bajo costo del proyecto.

12.5 LEED Versus Sostenibilidad

Mientras la sostenibilidad es el proceso que envuelve el diseño y construcción de estructuras amigas del medio ambiente, en cambio LEED (Leadership in Energy and Environmental Design) es una marca protegida con sus derechos de un sistema evaluativo desarrollado por Consejo de Edificaciones verdes de Los Estados Unidos (USGBC). Este es un programa estándar de certificación para propósitos de acreditación.

LEED se aplica a una gran variedad de tipos de construcción, todas con un propósito en la mente: Definir Edificios de alto desempeño que son responsables con el medio ambiente, saludables y que pueden seguir siendo rentables económicamente.

El programa LEED abarca los siguientes aspectos:

a) LEED-NC (Nuevas Construcciones)

b) LEED-EB (Edificaciones Existentes)

c) LEED-CI (Interiores Comerciales)

d) LEED-C&S (Exteriores e Interiores)

e) LEED-H (Casas o Residencias)

f) LEED-ND (Desarrollo de vecindarios)

El sistema LEED da cuatro niveles diferentes y progresivos de Certificaciones:

1) Certificado (El nivel más bajo).

2) Plata.

3) Oro.

4) Platino (El nivel más alto).

Existen seis áreas diferentes de crédito en cada categoría, que completan el grado de certificación:

1) Lugares sostenibles.

2) Energía y Atmósfera.

3) Eficiencia de Agua.

4) Calidad medioambiental interior.

5) Materiales y Recursos utilizados.

6) Innovación en el diseño.

12.6 Algunas Guías para el Diseño Sostenible

Existen ocho principios simples para el diseño sostenible, que han sido las guías para el diseño, construcción y puesta en operación de Edificaciones sostenibles:

1) La clave del éxito es una integración multidisciplinaria de los que intervienen en el proyecto.

2) Simple es mejor que Complejo.

3) El respeto a la naturaleza debe ser el norte en todo el proyecto.

4) Los costos en el tiempo son más significativos que el costo inicial.

5) Minimizar el uso de energía.

6) Bajar costos de mantenimiento.

7) Construir con materiales locales reduce los costos de transporte.

8) Considerar siempre estrategias pasivas siempre que sea posible (cambios de orientación, sombras, iluminación natural).

Temas de Investigación:

Las nuevas legislaciones.
Energía Alternativa

ANEXOS

Anexo 1: Decálogo del Éxito de Proyectos de Construcción

1. Planifique, Planifique y Planifique
2. Controle su Tiempo con eficacia
3. Aprenda a Escuchar
4. Atienda las cosas importantes primero
5. Aprenda a realizar críticas que sean constructivas
6. Aprenda a recibir con humildad las críticas constructivas
7. Aprenda a Delegar Funciones, pero verdaderamente
8. Salga de su oficina. Supervise de manera regular
9. Tome decisiones en el momento preciso
10. Manténgase positivo y dele el frente a los problemas

Anexo 2: Decálogo del Fracaso en Proyectos de Construcción

1. No tenga prioridades. Atienda los problemas que se presenten por igual, uno a uno

2. Concéntrese sólo en terminar a tiempo

3. Olvídese de los costos

4. Menosprecie a su cliente

5. Puede cambiar de criterio todos los días

6. No se concentre en la Gestión propia del Proyecto

7. Supervise, pero sólo de manera ocasional y sin desmontarse del vehículo para no perder tiempo

8. Haga caso a todos los rumores que le lleguen

9. Limite el acceso de información a sus colaboradores

10. Compre todos los programas existentes en el mercado para programar y controlar proyectos.

Anexo 3: Qué debe contener un contrato de construcción

A3.1 Cláusulas Técnicas y Anexos Técnicos

- Objetivo del Contrato
- Tipo de Servicio
- Programa de Actividades
- Equipos e Instalaciones Necesarios
- Límites de Suministro de Materiales y equipos
- Penalizaciones y bonificaciones
- Documentación (Planos, especificaciones, etc.)
- Seguridad e Higiene
- Cualquier otro aspecto técnico particular

A3.2 Cláusulas Legales

- Definir partes del contrato
- Objeto del contrato
- Ejecución de los trabajos o servicios contratados
- Duración del Contrato
- Rescisión del contrato
- Responsabilidades
- Garantías
- Otros Servicios
- Peritaje y Arbitraje
- Cláusulas de confidencialidad

A3.3 Cláusulas Financieras

- Precio
- Revisión de los Costos
- Retenciones
- Penalizaciones y Bonificaciones
- Cubicaciones
- Impuestos y gravámenes
- Cláusulas en moneda extranjera
- Garantías y Pólizas
- Ejecución y entrega

A3.4 Otras Cláusulas a considerar:

- Definiciones que se consideren de utilidad
- Normativas
- Especificaciones de Calidad
- Medio Ambiente
- Supervisiones
- Auditorías
- Controles de Acceso
- Documentaciones
- Ordenes de Cambio

Anexo 4: La Energía Fotovoltaica

La energía fotovoltaica consiste en la instalación de paneles solares que conjuntamente con baterías de ciclo profundo y un inversor pueden dotar de energía eléctrica a una vivienda u oficina ya sea parcial o totalmente.

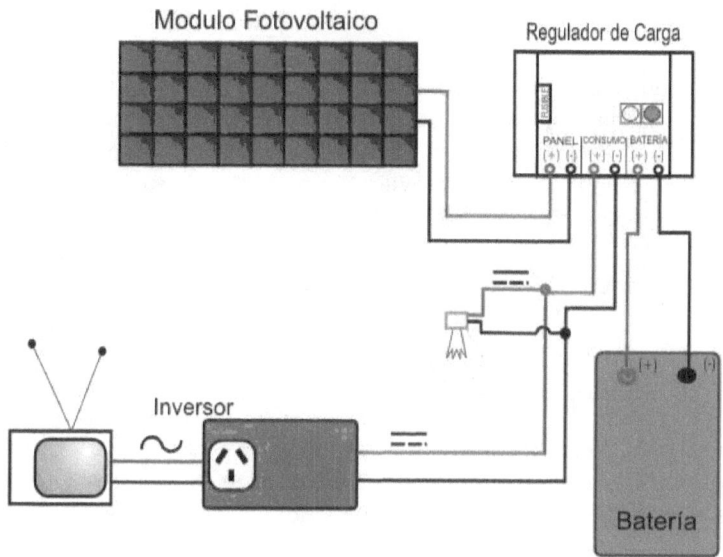

Esquema de instalación Fotovoltaica tipo

Los sistemas fotovoltaicos posibilitan la transformación de la energía que contiene la radiación solar en energía eléctrica. Las localizaciones geográficas caracterizadas por recibir un alto nivel de radiación solar son las más propicias para su utilización, como ocurre en nuestro país

Frente a las energías convencionales, la energía solar fotovoltaica presenta la característica de ser una fuente ilimitada de energía, por tratarse de energía renovable. Las fuentes de energía tienen impactos medioambientales inevitables. Cada vez son más claros estos efectos en el planeta, lluvia ácida, efecto invernadero, residuos radioactivos, accidentes nucleares, etc. Todo lo anterior hace que la energía fotovoltaica sea cada día más deseada, no en vano en varios países desarrollados como Estados Unidos, Alemania, España, Japón, entre otros, han destinado grandes recursos en investigación y desarrollo de la energía solar fotovoltaica.

Las investigaciones iniciales en este campo se enfocaron al desarrollo de productos para aplicaciones espaciales. Las celdas fueron comercializadas por primera vez en 1955. Pero sólo a comienzos de los ochenta, comenzaron a establecerse compañías fotovoltaicas. Las celdas fotovoltaicas se fabrican con Silicio. Este elemento es el que permite que se dé el proceso de generación de electricidad. El fenómeno fotovoltaico y su consecuencia es la corriente eléctrica directa. Esta corriente puede ser almacenada en "baterías" para, si se desea, pueda ser utilizada fuera de las horas de luz.

Una característica importante es que las células o celdas admiten tanto la radiación directa como la difusa, lo que quiere decir que se puede conseguir energía eléctrica incluso en los días nublados. Además las celdas fotovoltaicas no tienen partes móviles, no es necesario su mantenimiento y tienen una vida útil de entre 20 y 30 años.

Los componentes de un sistema fotovoltaico dependen del tipo de aplicación que se considere y de las características de la instalación. Para el caso de un sistema autónomo, los componentes necesarios para que funcione correctamente son: Paneles fotovoltaicos, baterías, regulador de carga e inversor. En cambio, las instalaciones conectadas a la red de distribución eléctrica se caracterizan por no incorporar baterías, ya que la energía que se envía a la red no necesita acumularse. Esto puede hacerse ya que en nuestro país existen medidores de dos vías, que permite que la energía producida que no estemos utilizando pase a la red.

En conclusión, las principales características de los sistemas fotovoltaicos son:

- Simplicidad
- Livianos y pequeños. Sus dimensiones son muy reducidas y se pueden instalar fácilmente sobre el techo de las viviendas, entre otros lugares.
- Eficientes
- Ausencia de partes móviles (Poco o ningún mantenimiento).
- Facilidad de ampliación
- Resistentes a cambios climatológicos.
- No Contaminan
- No consumen combustible
- No existen pérdidas por transferencia

Lo que vivimos hoy podría calificarse como una gran crisis energética. Existen fuentes de energía convencionales: el carbón, el gas, el petróleo, algunos pueden ser relativamente baratos, pero con grandes efectos contaminantes importantes y además algún día se terminarán.

Debemos sustituir las fuentes de energía convencional por la energía solar, antes de que lleguemos, si es que no estamos ya, a una crisis energética de amplio espectro. Si eso pasa, será sólo nuestra culpa, ya que la naturaleza nos ha proveído de lo necesario y somos nosotros quienes no somos capaces de aprovecharlo.

En la República Dominicana tenemos la ley de Incentivo al Desarrollo de las Energías Renovables (No. 57-07), vigente desde 2007, ofrece una amplia gama de exenciones impositivas en aras de estimular a sectores económicos nacionales e internacionales a invertir en ese nicho de mercado.

Para el consumidor individual, según la ley existía un incentivo de devolver como crédito fiscal hasta el 75% de lo invertido en energías renovables, pero luego del "paquetazo fiscal" de fines del año pasado(2012), el gobierno lo redujo a un 40%. Este crédito fiscal sería descontado en un periodo de tres (3) años.

Sería interesante saber, cuánto ha podido el Estado dominicano recibir por este concepto. Lo que sí sabemos es que esta decisión ha detenido una gran cantidad de proyectos fotovoltaicos en el país o por lo menos los mismos se han retrasado. Urge que el Gobierno Dominicano revise a conciencia los pro y los contras de haber bajado estos incentivos tan significativamente, cuando de mantener los mismos en el nivel original de la Ley 57-07, significaría que más personas en sus casas y empresas, estaría en disposición de ir instalando sistemas fotovoltaicos y/o eólicos para suplir de energía a sus hogares y oficinas con el subsiguiente ahorro de divisas para el país al bajar el consumo de energía tradicional.

INDICE

CAPITULO 10: Reclamaciones   191

CAPITULO 11: La Seguridad   199

CAPITULO 12: La Construcción Verde   209

228

Índice de Cuadros y Figuras

Referencias Bibliográficas:

1) **Administración de Empresas Constructoras**, Segunda Edición, *Carlos Suárez Salazar*, Editorial Limusa

2) **Administración de Los Sistemas de Información**, Tercera Edición, *Kenneth C. Laudon, Jane P. Laudon*, Prentice Hall Latinoamericana, S.A.

3) **Administración Estratégica**, 11ª Edición, *Thompson Strickland*, Editora Irwin McGraw-Hill

4) **Administración y Gerencia de Empresas**, 1979, *Henry L. Sisk y Mario Sverdlik*, South Western Publishing Co.

5) **Código de Comercio** de La República Dominicana

6) **Código de Trabajo** de La República Dominicana

7) **Código Tributario** de La República Dominicana

8) **Construction Accounting & Financial Management**, Quinta Edición, *William J. Palmer, William E. Coombs, Mark A. Smith*, Editorial McGraw-Hill

9) **Construction Management Fundamentals**, Second Edition, *Kraig Knutson, Clifford J. Schexnayder, Christine M. Fiori, Richard E. Mayo*, Editorial McGraw-Hill Construction

10) **Construction Management** (Jump Start), 2004, *Barbara J. Jackson*, Editorial Sybex

11) **Costo y Tiempo en Construcción**, 2007, *Carlos Suárez Salazar*, Editorial Limusa.

12) **Estadística Aplicada a la Administración y a la Economía**, Tercera Edición, *Leonard J. Kazmier*, Editorial McGraw-Hill

13) **Estadística Básica**, Tercera Edición,1997, *Kenneth D. Hopkins, B.R. Hopkins, Gene V. Glass*. PHH Prentice Hall

14) **Gerenciamiento de Proyectos**, Segunda Edición, 2007, *Julián R. Salvarrey, Verónica García Fronti, Javier García F.*, Editorial Comicron

15) **Gestión de Proyectos para la Construcción**, 2011, *Julián Salvarredi*, Editorial Comicron

16) **Historia de la Arquitectura Moderna**, Tercera Edición, *Leonardo Benévolo*, Editorial Gustavo Gili, S.A.

17) **Ingeniería de Costos y Administración de proyectos**, 1996, *Hira N. Ahuja, Michael A. Walsh*, Ediciones Alfaomega

18) **Ingeniería Económica**, Tercera Edición, 1992, *José A. Sepúlveda, William E. Souder, Byron S. Gottfried*, McGraw-Hill

19) **Ingeniería Económica**, Segunda Edición, *Anthony J. Tarquin, Leland T. Blank*, Editorial McGraw-Hill

20) **Ingeniería Económica**, Quinta Edición 1997, *H.G. Thuesen, W.J. Fabrycky, G.J. Thuesen*, Editorial PHH Prentice Hall

21) **Legislación de la República Dominicana**. *Kaplan, Russin, Vecchi y Heredia Bonetti*

22) **Ley de Seguridad Social de la República Dominicana**

23) **Los 7 hábitos de las personas altamente efectivas**, 2010 *Stephen R. Covey*, Ediciones Paidos Ibérica, S.A.

24) **Manual de Construcción de Edificios**, Cuarta Edición 2004, *Roy Chudley*, Editorial GG, México

25) **Manual de Operación y Mantenimiento para Sistemas Fotovoltaicos**, 2006, Isotecsol.

26) **Manual del Constructor**, 2002, *Kidder,* Editorial Limusa

27) **Manual del Ingeniero Civil**, 1992, *Frederick S. Merritt*, Editorial McGraw-Hill

28) **Manual para una eficiente dirección de proyectos y obras**, 2004, *Francisco Javier González Fernández*, Editorial Fundación Confemetal

29) **Microeconomía**, 1996, *Luis Vargas Cuevas*, Editorial Grupo Gestión

30) **Microsoft Project 2002**, 2003, *Carl Chatfield, Timothy Johnson*, Microsoft Press

31) **Photovoltaics, Design and Installation Manual**, Cuarta Edición, Solar Energy International, New Society Publishers.

32) **Preparación y Evaluación de Proyectos**, Cuarta Edición 2003, *Nassir Sapag Chain & Reinaldo Sapag Chain*, Editorial McGraw-Hill Interamericana

33) **Presupuesto y su Control en un Proyecto Arquitectónico**, 2006, *Hernando González*, Editorial ECOE

34) **Presupuestos**, Tercera Edición 2005, *Jorge E. Burbano Ruiz*, Editorial McGraw-Hill

35) **Principios de Ingeniería Económica**, Sexta Edición, 1990, *Eugene L. Grant, W. Grant Ireson, Richard S. Leavenworth*, Compañía Editorial Continental, S.A., México

36) **Project Management in Construction**, Quinta Edición, *Sidney M. Levy*, Editora McGraw-Hill

37) **Recursos en la WEB**:
   a) *http:*//exceltotal.com/diagrama-de-gantt-en-excel

   b) http://exceltotal.com/diagrama-de-gantt-en-excel-parte-2/

   c) http://www.webandmacros.com/macro_excel_gantt.htm

   d) www.aecsoft.com

   e) www.artemissoftware.com

37) Recursos en la WEB (Continuación):

f) www.ballantine-inc.com

g) www.enact.cc

h) www.microsoft.com

i) www.primavera.com

j) www.projectinvision.com

k) www.pmi.org

l) www.get-best-practice.co.uk

m) www.infoser.com/ infocons/ pmi/